Korrektur des thermo-elastischen Maschinenfehlers von Fräsmaschinen mithilfe von künstlichen neuronalen Netzen und maschineninternen Daten

Correction of the Thermo-Elastic Machine Error of Milling Machines Using Artificial Neural Networks and Machine Internal Data

Von der Fakultät für Maschinenwesen
der Rheinisch-Westfälischen Technischen Hochschule Aachen
zur Erlangung des akademischen Grades eines
D o k t o r s d e r I n g e n i e u r w i s s e n s c h a f t e n
genehmigte Dissertation

vorgelegt von

Mathias Carsten Dehn

Berichter/in:

Univ.-Prof. Dr.-Ing. Christian Brecher
Univ.-Prof. Dr.-Ing. Steffen Ihlenfeldt

Tag der mündlichen Prüfung: 28. November 2025

ERGEBNISSE AUS DER PRODUKTIONSTECHNIK

Mathias Dehn

Korrektur des thermo-elastischen Maschinenfehlers von Fräsmaschinen mithilfe von künstlichen neuronalen Netzen und maschineninternen Daten

Herausgeber:
Prof. Dr.-Ing. Dipl.-Wirt. Ing. G. Schuh
Prof. Dr.-Ing. C. Brecher
Prof. Dr.-Ing. R. H. Schmitt

Band 28/2025

WZL | RWTH AACHEN UNIVERSITY

Fraunhofer IPT

Bibliografische Information der Deutschen Nationalbibliothek
Die Deutsche Nationalbibliothek verzeichnet diese Publikation in der Deutschen Nationalbibliografie; detaillierte bibliografische Daten sind im Internet über https://portal.dnb.de abrufbar.

Mathias Dehn:

Korrektur des thermo-elastischen Maschinenfehlers von Fräsmaschinen mithilfe von künstlichen neuronalen Netzen und maschineninternen Daten

1. Auflage, 2026

Gedruckt auf holz- und säurefreiem Papier, 100% chlorfrei gebleicht.

Wissenschaftsverlag des Instituts für Industriekommunikation und Fachmedien
an der RWTH Aachen
Steinbachstr. 25, 52074 Aachen, Deutschland
Internet: www.apprimus-verlag.de, E-Mail: info@apprimus-verlag.de

Druck: CPI Druckdienstleistungen GmbH
Ferdinand-Jühlke-Straße 7 | 99095 Erfurt | Deutschland

ISBN 978-3-98555-326-6

Vorwort

Preface

Die vorliegende Arbeit ist während meiner Tätigkeit als wissenschaftlicher Mitarbeiter am Werkzeugmaschinenlabor WZL der RWTH Aachen entstanden. Diese Zeit war geprägt von spannender Forschung und lehrreichen Erfahrungen, die maßgeblich zur Entstehung dieser Arbeit beigetragen haben.

Mein besonderer Dank gilt meinem Doktorvater, Herrn Prof. Dr.-Ing. Christian Brecher, für seine unermüdliche Unterstützung und seine wertvollen wissenschaftlichen Anregungen. Seine Expertise und sein Engagement haben wesentlich zum Gelingen dieser Arbeit beigetragen und mich stets motiviert, mein Bestes zu geben.

Ebenso möchte ich mich bei meinen Oberingenieuren, Herrn Dr. Marcel Fey, Herrn Dr. Alexander Epple und Herrn Stephan Neus, herzlich bedanken. Ihre fachliche Betreuung, konstruktive Kritik und kontinuierliche Unterstützung waren für den Fortschritt dieser Arbeit von unschätzbarem Wert.

Für die sorgfältige Durchsicht der Arbeit danke ich meinem Vater, Michael Dehn und meinen Kollegen Herrn Dr. Robert Spierling und Herrn Marcel Wittmann. Ihre detaillierten Rückmeldungen und Verbesserungsvorschläge haben maßgeblich zur Qualität dieser Arbeit beigetragen.

Mein herzlicher Dank gilt den Technikern Axel Kaunzner, Karsten Meier und Johannes Windelen. Ihre technische Expertise und ihr unermüdlicher Einsatz waren entscheidend für die erfolgreiche Umsetzung der Projekte und haben maßgeblich zum Gelingen dieser Arbeit beigetragen.

Ebenso möchte ich den Abschlussarbeitern und Hilfswissenschaftlern danken, die mich während meiner Forschungstätigkeit unterstützt haben. Ihr Engagement bei der Durchführung und Auswertung von Versuchen war von großer Bedeutung für den Fortschritt dieser Arbeit.

Ein großer Dank gebührt meiner Familie und meinem Freund, die mir stets mit Rat und Tat zur Seite standen und mir den Rücken freihielten. Ihre Geduld, ihr Verständnis und ihre moralische Unterstützung waren für mich in dieser Zeit von größter Bedeutung.

Die in dieser Arbeit vorgestellten Ergebnisse wurden im Wesentlichen im Forschungsprojekt „*Datenbasierte Untersuchung der thermo-elastisch bedingten TCP-Abweichungen mithilfe von neuronalen Netzen*" des Sonderforschungsbereichs Transregio 96 – Teilprojekt T11 erarbeitet. Gefördert durch die Deutsche Forschungsgemeinschaft (DFG) – Projektnummer 174223256.

Münster, November 2025 Mathias Dehn

Kurzzusammenfassung

Diese Dissertation befasst sich mit der steuerungstechnischen Korrektur des thermo-elastischen Maschinenverhaltens. Bestehende Fehlerkorrekturmodelle konnten sich in der industriellen Praxis bisher kaum durchsetzen, da sie einen hohen Parametrierungsaufwand, kostspielige Messtechnik und eine geringe Modellsicherheit erfordern. Ziel dieser Arbeit ist daher die Entwicklung einer praxisnahen Modellierungsmethode, die mit minimalem Aufwand und ohne externe Sensorik eine robuste, prozessbegleitende Berechnung der thermo-elastischen Verlagerung ermöglicht.

Zunächst werden die Eingangsdaten für ein Modell zur Korrektur des thermo-elastischen Fehlers analysiert. Die Untersuchung zeigt, dass maschineninterne Daten, insbesondere die Temperatur der Achsmotoren und die Encoderdifferenz, in direktem Zusammenhang mit dem thermo-elastischen Verhalten stehen. Aufbauend darauf wird ein Modell entwickelt und anhand von drei Demonstratoren validiert.

Im Vergleich zu bestehenden Ansätzen konnte der notwendige Parametrierungsaufwand erheblich reduziert werden. Dies äußert sich unter anderem in kürzeren Messzeiten und einem geringeren messtechnischen Aufwand. Gleichzeitig erreicht die Berechnung eine hohe Genauigkeit, die mit etablierten Modellen aus dem Stand der Technik vergleichbar ist.

Brief Summary

This dissertation addresses the control-based correction of thermo-elastic machine behavior. Existing error correction models have not been widely adopted in industrial practice due to their high parameterization effort, expensive measurement technology, and limited model reliability. The goal of this work is to develop a practical modeling approach that enables robust, process-integrated calculation of thermo-elastic displacement with minimal effort and without external sensors.

First, the input data for a model designed to correct thermo-elastic errors are analyzed. The study demonstrates that machine-internal data, particularly the temperature of the axis motors and the encoder difference, are directly correlated with thermo-elastic behavior. Based on these findings, a model is developed and validated using three demonstrators.

Compared to existing approaches, the required parameterization effort has been significantly reduced. This is reflected in shorter measurement times and a lower need for complex measurement technology. At the same time, the calculation achieves a high level of accuracy comparable to established state-of-the-art models.

Inhaltsverzeichnis

Content

1 **Einleitung** ... 1

2 **Stand der Forschung und Technik** ... 5

2.1 Geometrische Abweichungen von Antriebs- und Führungskomponenten ... 6
2.2 Thermo-elastisches Verhalten von Werkzeugmaschinen ... 10
2.3 Modellierung des thermo-elastischen Maschinenverhaltens ... 11
2.3.1 Modelleingangsdaten ... 12
2.3.2 Modelltypen ... 21
2.3.3 Modellausgangsdaten ... 31
2.4 Anwendung von Korrekturmodellen in der Industrie ... 35
2.5 Defizite im Stand der Forschung ... 37

3 **Zielsetzung, Aufgabenstellung und Vorgehensweise** ... 39

4 **Methodik und Versuchsaufbau** ... 43

4.1 Auswahl der verwendeten Demonstratoren ... 43
4.2 Vorgehen zur Messung der Maschineninternen Daten ... 46
4.3 Methodik zur Messung der TCP-Verlagerung ... 48
4.3.1 Vorgehen bei den Messungen an Demonstrator A ... 51
4.3.2 Vorgehen bei den Messungen an Demonstrator B und C ... 54

5 **Maschineninterne Daten in Bezug zum thermo-elastischen Maschinenverhalten** ... 57

5.1 Vorgehen bei der Messung der thermo-elastischen TCP-Verlagerung ... 58
5.2 Analyse der maschineninternen Größen der Lageregelkreise ... 62
5.3 Analyse der maschineninternen Daten mit direktem Zusammenhang zum TCP-Fehler ... 65
5.4 Zwischenfazit zu Kapitel 5 ... 68

6 **Modellierung des thermo-elastischen Maschinenverhaltens mit KNN** ... 69

6.1 Lastspektren der Demonstratoren zur Modellparametrierung ... 70
6.2 Vorverarbeitung der Inputdaten ... 73
6.3 Netzstruktur des KNN ... 87
6.4 Trainingsdatensatzlänge ... 89
6.5 Zwischenfazit zu Kapitel 6 ... 95

7 **Validierung, Anwendung und Analyse** ... 97

7.1 Validierung der Modellergebnisse mithilfe der Demonstratoren ... 97
7.2 Untersuchung des Abbildungsfehlers in Z-Richtung ... 103

7.3 Ensemble-Networks zur Abschätzung der Modellunsicherheit 105
7.4 Echtzeitberechnung des TCP-Fehlers und industrietaugliche Anwendung 107
7.5 Methoden zur Nutzung des berechneten TCP-Fehlers 109
7.6 Zwischenfazit zu Kapitel 7 113

8 Zusammenfassung und Ausblick 115

8.1 Zusammenfassung 115
8.2 Ausblick 116

9 Anhang 121

10 Literaturverzeichnis 125

Abbildungsverzeichnis

List of Figures

Bild 2.1: Historische Entwicklungen und maximal erreichbare Fertigungsgenauigkeiten von Werkzeugmaschinen nach Brecher et al. [BREC19a]. 5

Bild 2.3: Typischer Lageregelkreis mit Geschwindigkeits- und Stromrückführung einer Werkzeugmaschine nach Brecher et al. [BREC21a] 7

Bild 2.4: Geometrische Fehler einer Linear- und einer Rotationsachse nach DIN ISO 230-1 [DIN99] 9

Bild 2.5: Ausrichtefehler von Linearachsen nach DIN ISO 230-1 [DIN99] 9

Bild 2.6: Daten zur Verwendung in Modellen zur Berechnung des thermo-elastischen Maschinenverhaltens entlang der thermo-energetischen Wirkungskette in Anlehnung an [GROß15] 13

Bild 2.7: Anzahl der in der Fachliteratur verwendeten Temperatursensoren zur Berechnung des thermo-elastischen Maschinenverhaltens in Anlehnung an Czwartosz et al. [CZWA22] 16

Bild 2.8: Thermisch aktive Strecke der Linearachse einer Werkzeugmaschine und der dazugehörigen Messsysteme in Anlehnung an Brecher et al. [BREC23] 19

Bild 2.9: Encoderdifferenz und Reibmoment in Abhängigkeit der Erwärmungszeit [WANG20] 20

Bild 2.10: Schematische Darstellung eines einfachen KNN mit Elementen von [HART24] 25

Bild 2.11: Links: Funktionsweise eines LSTM-Neurons nach Hochreiter et al. [HOCH97] 27

Bild 2.12: Modellierungsfehler der thermo-elastischen TCP-Verlagerung in Abhängigkeit der verwendeten Modellart 29

Bild 2.13: Messung des thermo-elastischen Maschinenfehlers mithilfe eines ETVE Messnests (links) und mithilfe eines Maschinentasters nach ISO 230-3 [INTE07] 32

Bild 2.14: Funktionsweise eines Messtasters [RENI21], [BLUM21] 33

Bild 2.15: Verkörperte Normale [WENN18] 33

Bild 2.16: Beispielhaft ermittelte Fehlerkurve einer Werkzeugmaschinenachse und Ermittlung des TK-Koeffizienten [SIEM11]. 36

Bild 3.1: Anforderungen an ein System zur Korrektur des thermo-elastischen Maschinenfehlers für eine praxistaugliche Umsetzung........................ 39

Bild 4.1: Kinematiken der verwendeten Demonstratoren 44

Bild 4.2: Infrastruktur zur Maschinendatenerfassung nach Wellmann [WELL19] 46

Bild 4.3: Position der Kugelplatte zur Erfassung des thermo-elastischen TCP-Fehlers an Demonstrator A 49

Bild 4.4: Position der Kalibrierkugeln zur Erfassung des thermo-elastischen TCP-Fehlers an Demonstrator B und C 50

Bild 4.5: Skizze des durch den Messaufbau nicht abbildbaren Fehlers an den Demonstratoren B und C 51

Bild 4.6: Messprozedur zur Messung der Kugelpositionen und der Encoderdifferenz an Demonstrator A 52

Bild 4.7: Encoderdifferenz abhängig von der Achsposition der Linearachsen von Demonstrator A anhand einer Beispielmessung 53

Bild 4.8: Zeitlicher Verlauf der Encoderdifferenz an Demonstrator A 54

Bild 4.9: Extraktion der Encoderdifferenz am Beispiel von Demonstrator B 55

Bild 5.1: Übersicht Abschnitt 5.. 57

Bild 5.2: Thermo-elastischer Maschinenfehler beim Verfahren der X-Achse 58

Bild 5.3: Berechnung der Achsfehler 59

Bild 5.4: Thermo-elastischer Maschinenfehler beim Verfahren der X-Achse 61

Bild 5.5: Thermo-elastischer Maschinenfehler bei Verfahren der Y-Achse in Abhängigkeit des mittleren Achsmotorstroms und der mittleren Achsposition 63

Bild 5.6: Thermo-elastischer Maschinenfehler bei Verfahren der Y-Achse in Abhängigkeit der mittleren Geschwindigkeit und der mittleren Beschleunigung 63

Bild 5.7: Korrelation und resultierende Verlagerung bei typischer Parametervariation an Kugel 5 für Zusammenhänge zwischen Parametern und TCP-Verlagerung ... 65

Bild 5.8: TCP-Verlagerung, Encoderdifferenz und Motortemperatur bei Bewegung und Stillstand der X-Achse ... 66

Bild 5.9: Thermo-elastischer Maschinenfehler bei Verfahren der Y-Achse ... 67

Bild 5.10: Korrelation und resultierende Verlagerung bei typischer Parametervariation an Kugel 5 für Zusammenhänge zwischen Parametern und TCP-Verlagerung ... 67

Bild 6.1: Übersicht Abschnitt 6 ... 69

Bild 6.2: Konturen zur Erzeugung des Trainingsdatensatzes an Demonstrator A 70

Bild 6.3: Gemessene TCP-Verlagerung an Demonstrator A ... 71

Bild 6.4: Gemessene TCP-Verlagerung an Demonstrator B ... 72

Bild 6.5: Gemessene TCP-Verlagerung an Demonstrator C ... 73

Bild 6.6: Übersicht der Datenvorverarbeitung ... 78

Bild 6.7: Daten zur Datenvorverarbeitung ... 79

Bild 6.8: Akaike-Informations-Kriterium in Anlehnung an [SUZU11] ... 79

Bild 6.9: Pearson-Korrelation der Eingangsdaten an Demonstrator A ... 82

Bild 6.10: Partielle Korrelation der Eingangsdaten an Demonstrator A ... 84

Bild 6.11: RMSE des Validierungsdatensatzes an Demonstrator A bei der Elimination von Variablen nach den Eliminationsverfahren: Pearson-Korrelation, partielle Korrelation und Backward Elimination ... 85

Bild 6.12: KNN zur Berechnung der TCP-Verlagerung ... 88

Bild 6.13: RMSE der Berechnung des TCP-Fehlers in Abhängigkeit der Länge des Trainingsdatensatzes ... 90

Bild 6.14: Verwendete Methodik des Transfer-Learnings ... 92

Bild 6.15: RMSE des Validierungsdatensatzes von Demonstrator D mit und ohne Transfer-Learning mit Quelldemonstrator A ... 93

Bild 6.16: RMSE des Validierungsdatensatzes von Demonstrator D mit und ohne Transfer-Learning mit Quelldemonstrator E 94

Bild 7.1: Übersicht Abschnitt 7........ 97

Bild 7.2: Modellierung der Achsfehler an Demonstrator A........ 98

Bild 7.3: Validierung des KNN an Demonstrator A 98

Bild 7.4: Validierung des KNN an Demonstrator B 101

Bild 7.5: Validierung des KNN an Demonstrator C 103

Bild 7.6: Bewegung der Tastspitze nach dem Einwechseln des Tasters........ 104

Bild 7.7: Ergebnis eines Ensemble-Netzwerks in Anlehnung an Lakshminarayanan et al. [LAKS16]. 106

Bild 7.8: Berechnungsunsicherheit an Demonstrator A 106

Bild 7.9: Berechnungsunsicherheit abhängig vom Modellierungsfehler an Demonstrator A 107

Bild 7.10: Kontinuierliche Berechnung der TCP-Verlagerung........ 108

Bild 7.11: Referenzbauteil 111

Bild 7.12: Digitaler Zwilling der gefertigten Referenzbauteile 111

Bild 7.13: Modellierter und gemessener Fehler an den Bauteilen 112

Bild 9.1: Korrelation der Eingangsdaten an Demonstrator B 123

Bild 9.2: Partielle Korrelation der Eingangsdaten an Demonstrator B 123

Tabellenverzeichnis

List of Tables

Tabelle 2.1: Übersicht und Bewertung der verschiedenen Input-Größen für Modelle zum thermo-elastischen Maschinenverhalten 18

Tabelle 2.2: Übersicht der Forschungsansätze zur Messung des thermo-elastischen Maschinenverhaltens 35

Tabelle 4.1: Spezifikationen der verwendeten Demonstratoren 45

Tabelle 6.1: Rangfolge der Variablen abhängig von Auswahlverfahren 86

Tabelle 7.1: Modellierungsergebnisse an Demonstrator A 100

Tabelle 7.2: Modellierungsergebnisse an Demonstrator B 102

Tabelle 7.3: Modellierungsergebnisse an Demonstrator C 103

Tabelle 9.1: Versuchsplan zur Identifikation des Zusammenhangs zwischen maschineninternen Daten und der TCP-Verlagerung 121

Tabelle 9.2: Verwendete Literatur in Bild 2.6 122

Tabelle 9.3: Verwendete Literatur in Bild 2.11 122

Formelzeichen und Abkürzungsverzeichnis

Formula Symbols and Abbreviations

Abkürzungen

ADAM	Adaptive Moment Estimation
AIK	Akaike-Information-Kriterium
ANN	Artificial Neural Network
CFK	Kohlenstofffaserverstärkter Kunststoff
DIN	Deutsches Institut für Normung
DMS	Dehnungsmessstreifen
EA0Y	Rechtwinkligkeitsfehler der Y-Achse um die X-Achse
EA0Z	Rechtwinkligkeitsfehler der Z-Achse um die X-Achse
EB0X	Rechtwinkligkeitsfehler der X-Achse um die Y-Achse
EB0Z	Rechtwinkligkeitsfehler der Z-Achse um die Y-Achse
EC0X	Rechtwinkligkeitsfehler der X-Achse um die Z-Achse
EC0Y	Rechtwinkligkeitsfehler der Y-Achse um die Z-Achse
ETVE	Environmental Temperature Variation Error nach ISO 230-3
EX	Offsetfehler in X-Richtung
EY	Offsetfehler in Y-Richtung
EZ	Offsetfehler in Z-Richtung
FDM	Finite-Differenzen-Methode
FE	Finite-Elemente
FEM	Finite-Elemente-Methode
GRU	Gated Recurrent Unit
IRNN	Integer-only Recurrent Neural Network
ISO	International Organization for Standardization

KNN	Künstliches Neuronales Netz
KSS	Kühlschmierstoff
LSTM	Long Short Term Memory
LVDT	Linear Variable Differential Transformer
MQTT	Message Queuing Telemetry Transport
MSE	Mean Square Error
NC	Numeric Control
P2P	Peak-to-Peak-Wert
P-Glied	Proportional-Glied
PT	Platin-Messwiderstand
ReLU	Rectified Linear Unit Function
RMSE	Root Mean Square Error
RNN	Recurrent Neural Network
SGD	Stochastischer Gradientenabstieg
SL	Solution Line
TCP	Tool Center Point
TCP/IP	Transmission Control Protocol/Internet Protocol
VCS	Volumetric Compensation System

Lateinische Zeichen

b_A	µm	Ordinatenschnittpunkt der Encoderdifferenz von Achse A
d_m	mm	Lagerdurchmesser
c_t, c_{t-1}	-	Cell State zum Zeitpunkt t bzw. t-1
E	-	Fehlerfunktion

f_0	-	Mutterbeiwert
f_1	-	Lagerbeiwert
F_{Lager}	N	Lagerkraft gesamt
$F_{Lager,a}$	N	Lagerkraft axial
$F_{Lager,r}$	N	Lagerkraft radial
F_N	N	Normalkraft
F_{Reib}	N	Reibkraft
h_t, h_{t-1}	-	Hidden State zum Zeitpunkt t bzw. t-1
i_i	A	Ist-Strom des Motors einer Maschinenachse
i_s	A	Soll-Strom des Motors einer Maschinenachse
i_w	A	Regelabweichung des Stroms des Motors einer Maschinenachse
I	A	Strom
I_{Motor}	A	Motorstrom
$I_{Motor,Z}$	A	Motorstrom des Motors der Z-Achse
$I_{Motor,SP}$	A	Motorstrom des Spindelmotors
I_N	A	Motorstrom der Achsmotoren der orthogonalen Achsen
k_a	-	Lagerabhängiger Axialkraftkoeffizient
Ki	-	Kugel i
k_r	-	Lagerabhängiger Radialkraftkoeffizient
m	-	Steigungsindex in Abhängigkeit der Temperatur bei der Korrektur des thermo-elastischen Fehlers mithilfe der Steuerung SINUMERIK 840D
M_0	Nm	Drehzahlabhängiges Reibmoment
M_1	Nm	Lastabhängiges Reibmoment

m_A	µm / mm	Steigung der Ausgleichsgrade der Encoderdifferenz von Achse A
n	-	Anzahl der KNN-Ausgabewerte
n	min^{-1}	Drehzahl
n	min^{-1}	Drehzahl eines Motors
n_i	min^{-1}	Ist-Drehzahl des Motors einer Maschinenachse
n_s	min^{-1}	Soll-Drehzahl des Motors einer Maschinenachse
n_w	min^{-1}	Regelabweichung der Drehzahl des Motors einer Maschinenachse
net_j	-	Netzeingabe im Neuron eines KNN
o_i	-	Berechneter Ausgabewert eines KNN an Knoten i
P_0	mm	Schnittpunkt der Steigung des thermo-elastischen Fehlers mit der Abszisse bei der Siemens-Korrektur
$P1$, $P2$	-	Messpunkte 1 und 2 im Arbeitsraum
P_{Aij}	-	Messstelle j in Richtung der Achse A an Messpunkt i
P_{Eisen}	W	Eisenverluste
P_{Kupfer}	W	Kupferverluste
P_{Lager}	W	Reibleistung an den Lagern
P_{Motor}	W	Gesamtverlustleistung eines Motors
P_{Mutter}	W	Reibleistung an den Muttern der Kugelgewindetriebe
$P_{Schiene}$	W	Reibleistung an den Führungsschienen
$P_{Wirb.}$	W	Wirbelstromverluste
Pos_A	mm	Position an Achse A
p	-	Anzahl an Parametern
T	°C	Aktuelle Temperatur bei der Siemens-Korrektur
T_0	°C	Temperatur, bei der der positionsabhängige Fehler = 0 ist (Siemens-Korrektur)

TK_{max}	µm / m	Temperaturkoeffizient bei T_{max} bei der Siemens-Korrektur
T_{max}	°C	Maximal gemessene Temperatur bei der Siemens-Korrektur
t_i	-	Bekannter, wahrer Ausgabewert eines KNN an Knoten i
u	mm	Strecke
U	V	Spannung
w_i		Gewichtung an Neuron i
w_{ij}		Gewichtung des Eingabewerts j in das Neuron i
x_i	mm	Ist-Position einer Maschinenachse
x_i	-	Neuron-Ausgangswert i
x_j	-	Neuron-Eingangswert j
x_s	mm	Soll-Position einer Maschinenachse
x_t	-	KNN Eingang zum Zeitpunkt t
x_w	mm	Regelabweichung der Position einer Maschinenachse

Griechische Zeichen

α	-	Lernrate
θ_j	-	Schwellwert j innerhalb eines Neurons
μ	-	Reibungskoeffizient
ν_0	m^2s^{-1}	Kinematische Viskosität des Schmiermittels
$\sigma_{k=2}$	µm	Messunsicherheit mit Erweiterungsfaktor k=2

1 Einleitung

Fräsmaschinen sind aktuell die bedeutendsten Fertigungsmittel der produzierenden Industrie [BREC17a]. Fräsmaschinen sind spanende Bearbeitungsmaschinen mit definierter Schneide zur Bearbeitung von Werkstücken. Ihr hoher Stellenwert in der Industrie begründet sich insbesondere durch ihre Flexibilität zur Herstellung verschiedener Werkstücke bei gleichzeitig hoher Präzision. Sie ermöglichen die Fertigung komplexer Werkstücke auch unter hohen Toleranzanforderungen und stellen somit für ein großes Spektrum an Werkstücken die wirtschaftlichste Fertigungsoption dar. [BREC19a]

Die Anforderungen an die Genauigkeit von Werkstücken steigen stetig [BREC17a]. Damit gehen höhere Anforderungen an die Präzision von Werkzeugmaschinen zur Produktion dieser Werkstücke einher. Durch Forschung in diesem Bereich konnte die Bearbeitungsgenauigkeit von Werkzeugmaschinen in den vergangenen Jahrzehnten signifikant verbessert werden. Die geometrischen, dynamischen und statischen Maschinenfehler sind in der Fachliteratur umfassend beschrieben [BREC17a], [GAO23], [MAYR12]. Die in den Forschungsarbeiten entwickelten Modelle finden bei Werkzeugmaschinenherstellern Anwendung und werden genutzt, um die Bearbeitungsgenauigkeit der Maschinen zu erhöhen. Hinsichtlich der thermo-elastischen Fehler zeichnet sich ein anderes Bild. Auch wenn die Ursachen des thermo-elastischen Fehlers gut erforscht sind, gibt es im industriellen Kontext kaum Anwendungen von hochwertigen Modellen der aktuellen Forschung zur Reduktion der Fehler.

Interne oder externe Wärmequellen und –senken einer Werkzeugmaschine führen dazu, dass sich in ihrer Maschinenstruktur ein inhomogenes, transientes Temperaturfeld ausprägt. Dieses Temperaturfeld führt zu einer elastischen Deformation der Maschinenstruktur und infolgedessen zu einer ungewollten Relativbewegung zwischen Werkstück und Werkzeug. Die aus der Relativbewegung resultierende Abweichung in Position und Orientierung ist der thermo-elastische Fehler [BREC19a].

In der Industrie werden bereits sogenannte Kompensationsmethoden angewendet, um den thermo-elastischen Fehler zu reduzieren. Diese Kompensationsverfahren dienen dazu, die Temperatur in der Maschinenstruktur konstant und homogen zu halten. Dies kann beispielsweise durch eine Temperierung der Maschinenstrukturkomponenten geschehen [MAYR12]. Während eine solche Kompensation den thermo-elastischen Fehler zuverlässig reduziert, steht insbesondere der durch die Temperierung steigende Energiebedarf als auch die höheren Kosten im Widerspruch zu den Anforderungen von sozioökonomischen Stakeholdern zur Reduktion des Ressourceneinsatzes bei der Produktion von Werkstücken [BOOS21].

Aus diesem Grund werden sogenannte Korrekturverfahren angewendet. Bei den Korrekturverfahren wird der thermo-elastische Fehler im Arbeitsraum modelliert und daraufhin steuerungstechnisch korrigiert. Dies ist ein vielversprechendes Verfahren zur

Reduktion des thermo-elastischen Fehlers bei gleichzeitig unverändertem Ressourcenbedarf der Maschine. Solche Korrekturverfahren sind seit vielen Jahren in der Fachliteratur bekannt, werden industriell allerdings überwiegend nur zur Kompensation der axialen Temperaturdehnung für Hauptspindeln eingesetzt. Ziel der Arbeit ist daher die Entwicklung eines praxisnahen Korrekturmodells zur Berechnung des thermo-elastischen Fehlers von Werkzeugmaschinen sowie die Validierung des Modells durch eine Implementierung bei der Produktion von Werkstücken.

Introduction

Machine tools are among the most important means of production in the manufacturing industry today [BREC17a]. This is particularly true for milling machines. Milling machines are cutting machines with a defined cutting edge for machining workpieces. Their high importance in industry can be attributed to their flexibility in producing various workpieces with high precision. They make it possible to produce complex workpieces even with high tolerance requirements and therefore represent the most economical production option for a wide range of workpieces [BREC19a].

The demands on the accuracy of workpieces are constantly increasing [BREC17a]. This is accompanied by higher demands on the precision of machine tools for the production of these workpieces. In recent decades, significant progress has been made in many areas of research into the machining accuracy of machine tools. The geometric, dynamic and static machine errors have been extensively researched in the literature [BREC17a], [GAO23], [MAYR12]. The models developed in the research work are applied by machine tool manufacturers and are used to increase machining accuracy. This is different for thermo-elastic errors. Even though the causes of thermo-elastic errors have been well researched, there are hardly any applications of these models in an industrial context.

The thermo-elastic error occurs when internal or external heat sources and sinks cause an inhomogeneous, transient temperature field to develop in the machine structure. This temperature field leads to a deformation of the machine structure and consequently to an unwanted relative movement between the workpiece and the tool. The resulting difference in position and orientation is the thermo-elastic error [BREC19a].

So-called compensation methods are already being used in industry to reduce the thermo-elastic error. These compensation methods focus on keeping the temperature in the machine structure constant and homogeneous. This can be achieved, for example, by controlling the temperature of the structural components [MAYR12]. While such compensation reliably reduces the thermo-elastic error, the resulting increase in energy requirements in particular conflicts with the requirements of socio-economic stakeholders to reduce the use of resources in the production of workpieces [BOOS21].

This is why so-called correction methods are used. In correction methods, the thermo-elastic error in the working space is modelled and then compensated for by the control system. This is a promising method for reducing the thermo-elastic error while leaving the machine's resource requirements unchanged. Such correction methods have been known in the technical literature for many years, but are mainly used for the axial thermo-elastic deformation of the main spindle. The aim of the work is therefore to develop a practical correction model to reduce the thermo-elastic error of machine tools and to apply it to machine tools in the production of workpieces.

2 Stand der Forschung und Technik

State of research and technology

Im industriellen Kontext befinden sich Werkzeugmaschinen in einem stetigen Spannungsfeld aus Anforderungen an ihre Produktivität und Verfügbarkeit sowie andererseits an ihr Umweltverhalten und die Qualität der produzierten Produkte [BREC19a]. Die aktuelle Forschung zum Themenfeld der Werkzeugmaschinen beschäftigt sich im Wesentlichen mit der Verbesserung der Maschineneigenschaften, ohne eine Verschlechterung in anderen Faktoren des genannten Spannungsfeldes herbeizuführen. Bild 2.1 zeigt einige historische Entwicklungen im Werkzeugmaschinenbau und die maximal erreichbaren Fertigungsgenauigkeiten von Werkzeugmaschinen (Stand 2019).

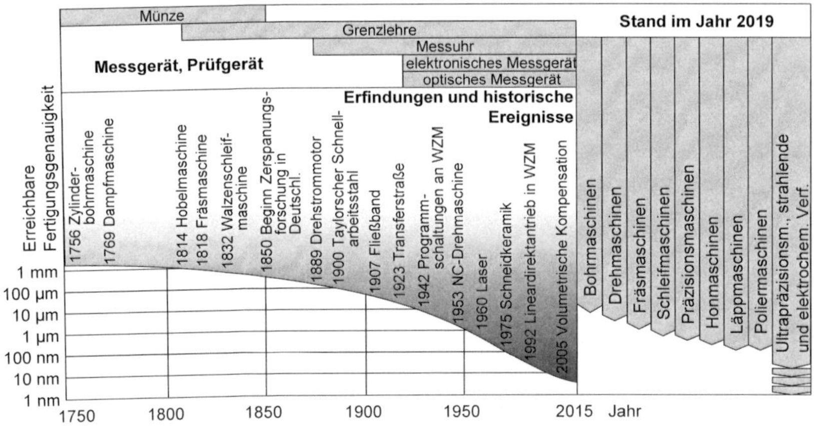

Bild 2.1: Historische Entwicklungen und maximal erreichbare Fertigungsgenauigkeiten von Werkzeugmaschinen nach Brecher et al. [BREC19a].

Historical developments and maximum achievable manufacturing accuracies of machine tools according to Brecher et al. [BREC19a]

Die vorliegende Arbeit befasst sich mit Fräsmaschinen, die unter anderem aufgrund ihrer hohen Flexibilität zu der wichtigsten Untergruppe der Werkzeugmaschinen zählen. Die Quantifizierung der allgemein erreichbaren Fertigungsgenauigkeit von Fräsmaschinen ist schwierig, da diese stark abhängig von der spezifischen Maschine, des bearbeiteten Werkstücks und einer Vielzahl weiterer Randbedingungen ist. Von Brecher et al. wird die typische Fertigungsgenauigkeit gemäß Bild 2.1 im Bereich von 5 - 10 µm angegeben [BREC19a]. Eine noch präzisere Fertigung ist nur mit anderen Werkzeugmaschinentypen, wie beispielsweise den Ultrapräzisionsmaschinen möglich, welche in ihrer Beschaffenheit und Konstruktion hochwertig sind und unter idealen

Randbedingungen betrieben werden. Dies kommt mit hohen Anschaffungs- und Betriebskosten einher, weshalb diese Art von Maschinen nur für Hochpräzisionsbauteile, wie spezielle Optiken, verwendet werden. Durch die steigenden Anforderungen an die Bauteilqualität bei geringen zulässigen Fertigungskosten entsteht der Anspruch, auch kostengünstigere Verfahren zu entwickeln, die hochpräzise Bauteile fertigen können. Um dies zu gewährleisten, liegt ein großer Fokus aktueller Forschungsarbeiten auf der Reduktion von Fehlereinflüssen bei der Bauteilbearbeitung [GAO23].

Die größten Bearbeitungsfehler einer Werkzeugmaschine entstehen durch statische und dynamische Prozesskräfte, geometrische Maschinenfehler oder thermo-elastische Maschinenverformungen [BREC17a]. Diese Forschungsarbeit setzt einen Fokus auf die thermo-elastischen Fehler, welche einen großen Teil des Gesamtbearbeitungsfehlers am Werkstück ausmachen können. Thermo-elastische Maschinenfehler lassen sich durch eine Beschreibung der Veränderung der geometrischen Maschinenfehler darstellen. Daher werden beide Themenbereiche gemäß dem aktuellen Stand der Forschung und Technik analysiert und aufbereitet.

Zu Beginn werden die geometrischen und kinematischen Abweichungen von Antriebs- und Führungskomponenten definiert, um die wichtigen Terminologien des Themenfelds zu erläutern (Abschnitt 2.1). Aufbauend hierauf wird der aktuelle Wissensstand zum thermo-elastischen Maschinenverhalten, welches einen signifikanten Einfluss auf die Bauteilqualität hat, dargelegt (Abschnitt 2.2). Anschließend werden Modellansätze diskutiert, mit denen das thermo-elastische Maschinenverhalten berechnet werden kann (Abschnitt 2.3) und Korrektursysteme der aktuellen industriellen Praxis beschrieben (Abschnitt 2.4). Die Erörterung endet mit der Analyse der Defizite im Stand der Forschung (Abschnitt 2.5).

2.1 Geometrische Abweichungen von Antriebs- und Führungskomponenten

Geometric deviations of drive and guiding components

Bei der Bearbeitung eines Werkstücks wird die Position der Achsen mithilfe von Lageregelkreisen überwacht. Der typische Lageregelkreis der Linearachsen einer Werkzeugmaschine ist in Bild 2.2 dargestellt.

Als Lagemesssystem wird in der Regel ein Linearmaßstab verwendet, welcher mit einem Abtastkopf eine Längenreferenz abtastet [BASL16]. Mithilfe des Linearmaßstabs wird die Ist-Position ermittelt und ihre Differenz zur Soll-Position errechnet. Aus der Positionsdifferenz wird eine Soll-Geschwindigkeit der Achse berechnet, welche wiederum anhand einer mit einem Geschwindigkeitsmesssystem bestimmten Ist-Geschwindigkeit in einen Soll-Strom überführt wird. Die Differenz aus dem Soll-Strom und dem gemessenen Ist-Strom wird durch den Stromregler verarbeitet und führt im Motor zur

Entstehung des Drehmoments. Als Geschwindigkeitsmesssystem wird oft ein Inkrementaldrehgeber verwendet, welcher auf der Welle des Achsmotors montiert ist [BASL16].

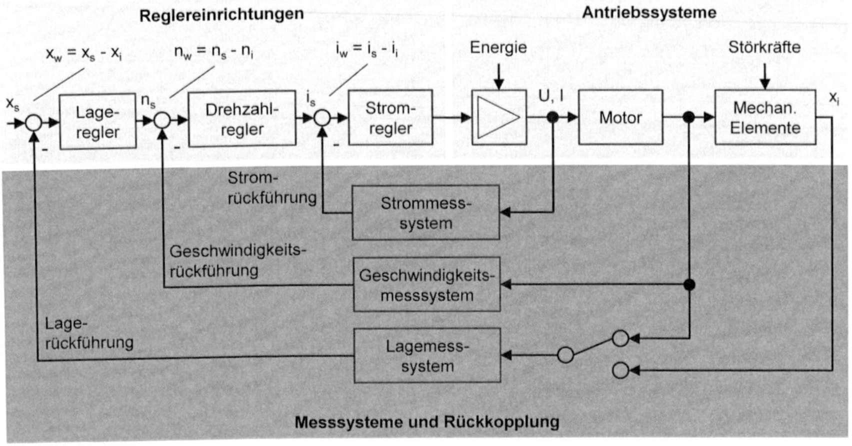

Bild 2.2: Typischer Lageregelkreis mit Geschwindigkeits- und Stromrückführung einer Werkzeugmaschine nach Brecher et al. [BREC21a]

Typical position control loop with speed and current loop of a machine tool according to Brecher et al. [BREC21a]

Während ein Lageregelkreis ohne untersetzte Geschwindigkeits- und Stromregelung für eine exakte Positionierung der Achsen ausreichend ist, wird bei Werkzeugmaschinen eine Untersetzung von Regelkreisen vorgenommen. Durch die Untersetzung von Geschwindigkeits- und Stromregelkreis kann sowohl eine Erhöhung der Regeldynamik erreicht werden, als auch die Dämpfungseigenschaften des Regelkreises verbessert werden [BASL16], [BREC21a]. Da die Messsysteme notwendig für die Regelung der Achsposition sind, sind die jeweiligen gemessenen Größen in der Steuerung vorhanden und können über Schnittstellen der Steuerung weiterverarbeitet werden.

Bei einer idealen Werkzeugmaschine wären die durch die Steuerung vorgegebenen Soll-Positionen und die gemessenen Ist-Positionen identisch. In der Realität ist dies jedoch nicht der Fall. Es kommt zu einer ungewollten Abweichung zwischen Ist- und Soll-Position, welche verschiedene Ursachen haben kann. Eine Kategorie an Ursachen ist unter den kinematischen und geometrischen Fehlern zusammengefasst. Unter geometrischen Abweichungen sind gemäß Brecher et al. Form- und Lageabweichungen einzelner Maschinenbauteile wie beispielsweise der Tische, Supporte, Schlitten und Pinolen zusammengefasst. Hierbei sind ausschließlich solche Maschinenkomponenten berücksichtigt, welche Bewegungs-, Führungs- und Haltefunktionen zu erfüllen haben [BREC17a].

Kinematische Abweichungen sind hingegen Abweichungen, die bei mehreren funktional voneinander abhängigen Bewegungsachsen (Gewindeschneiden, Bahnsteuerungen) auftreten. Die Ursachen kinematischer Abweichungen können häufig auf geometrische Abweichungen der an der Bewegungsübertragung beteiligten Bauelemente zurückgeführt werden. [BREC17a]

Die geometrischen und kinematischen Abweichungen werden in der Praxis oft mithilfe des Starrkörpermodells beschrieben. Die Position eines starren Objekts im Raum ist durch drei translatorische und drei rotatorische Freiheitsgrade vollständig definiert [DENA55]. Unter der Annahme von starren Komponenten kann die Position einer Achse mit den sechs Freiheitsgraden beschrieben werden. In dieser Arbeit wird die Definition der Werkzeugmaschinenfehler gemäß der Norm DIN ISO 230-1 verwendet, welche auf der Beschreibung von Starrkörpern im Raum anhand der sechs Freiheitsgrade aufbaut [DIN99]. Weiterhin wird die Definition von Koordinatensystemen und ihren Vorzeichen gemäß DIN 841 angewendet [DIN95]. Auf Basis der Normen werden die Achsfehler mit drei Buchstaben benannt. Der erste Buchstabe ist ein E und steht für Error. Der zweite Buchstabe gibt die Fehlerrichtung an und der letzte Buchstabe benennt die betrachtete Achse. Die Benennung der Fehler einer Linearachse und einer Rundachse ist beispielhaft anhand einer X- und einer C-Achse in Bild 2.3 dargestellt.

Neben den Fehlern einzelner Achsen sind die Lagefehler der Achsen ebenfalls von Relevanz. Maschinenachsen sind in aller Regel rechtwinklig zueinander angeordnet. Die sogenannten Lagefehler beschreiben die Abweichung von ihrer Lage zueinander (Bild 2.4).

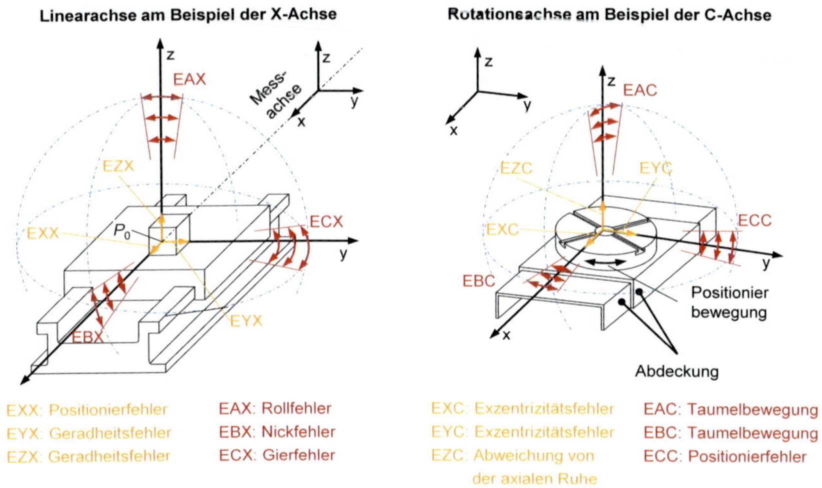

Bild 2.3: Geometrische Fehler einer Linear- und einer Rotationsachse nach DIN ISO 230-1 [DIN99]

Error motions of a linear axis and an axis of rotation according to DIN ISO 230-1 [DIN99]

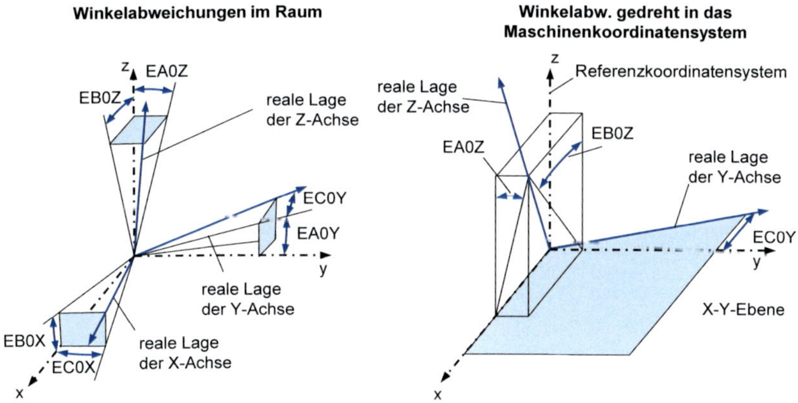

Bild 2.4: Ausrichtefehler von Linearachsen nach DIN ISO 230-1 [DIN99]

Orientation errors of linear axes according to DIN ISO 230-1 [DIN99]

Durch eine Drehung der Lagefehler in das Referenzkoordinatensystem kann die Anzahl der Lagefehler von sechs Lagefehlern (links) auf drei reduziert werden (rechts). Bei der Benennung der Lagefehler gemäß ISO 230-2 wird zur Kennzeichnung die Ziffer „0“ eingefügt.

- EC0Y: Winkellage der Y-Achse um die Z-Achse
- EA0Z: Winkellage der Z-Achse um die X-Achse
- EB0Z: Winkellage der Z-Achse um die Y-Achse

Eine Werkzeugmaschine mit drei Linearachsen weist somit insgesamt 21 poseabhängige Fehlerparameter auf, welche die geometrische Abweichung des Werkzeugs vollständig beschreiben: sechs Fehler je Achse und drei Lagefehler [SCHW08].

2.2 Thermo-elastisches Verhalten von Werkzeugmaschinen

Thermo-elastic machine tool behavior

Im Betrieb einer Werkzeugmaschine wird der geometrische Maschinenfehler durch verschiedene maschineninterne und -externe Wärmequellen und -senken beeinflusst. Die dadurch entstehende Veränderung des geometrischen Verhaltens in Abhängigkeit der Wärmequellen und -senken wird thermo-elastisches Maschinenverhalten genannt. Die Wärmequellen und -senken mit dem größten Einfluss auf die Maschinenstruktur sind

- Achs- und Hauptspindelmotoren,
- Reibung in den Führungselementen und Kugelgewindetrieben,
- Kühlsysteme der Werkzeugmaschine,
- Prozesswärme,
- Kühlschmierstoff,
- zyklische Schwankungen der Umgebungstemperatur und
- Sonneneinstrahlung.

Die entstehenden Wärmeströme führen zu einem transienten Temperaturfeld in den Komponenten der Werkzeugmaschine. Mit Veränderung der Temperatur kommt es zu einer Dehnung oder Stauchung der Maschinenkomponenten. Insbesondere an den Strukturkomponenten wie dem Maschinenbett oder dem Maschinenständer führt diese Dehnung oder Stauchung zu einer Verlagerung des Werkzeugs in Relation zum Maschinentisch und in der Folge zu einem Bearbeitungsfehler am Werkstück. [GOLZ90]

Der thermo-elastische Maschinenfehler trägt erheblich zum Gesamtbearbeitungsfehler einer Werkzeugmaschine bei. Die Bedeutsamkeit des thermo-elastischen Fehlers und der hohe Forschungsbedarf auf dem Gebiet werden nicht zuletzt durch die Einrichtung des Sonderforschungsbereichs Transregio 96 (SFB/TR 96) der DFG mit einer Laufzeit von zwölf Jahren unterstrichen [BREC25].

Das Ziel der Forschung zum thermo-elastischen Maschinenverhalten muss daher die Minimierung der resultierenden Bearbeitungsfehler sein, um eine Qualitätsverbesserung am Werkstück zu erreichen. Dazu gibt es zwei grundsätzlich unterschiedliche Ansätze. Bei der Fehlerkompensation ist das Ziel, durch geeignete Maßnahmen den thermo-elastischen Fehler gar nicht erst entstehen zu lassen. Dies ist beispielsweise durch eine Temperierung der Maschinenkomponenten möglich [DONM07], [HORE20]. Solche Kompensationsansätze zeigen eine sehr verlässliche Reduktion des thermo-elastischen Fehlers, sodass diese in verschiedenen industriellen Anwendungen bereits eingesetzt werden. Wassergekühlte Achs- und Hauptspindelmotoren können daher seit Jahren als Standardkomponente beschafft und in Werkzeugmaschinen verbaut werden [SIEM23].

Der Nachteil von Kompensationsstrategien ist jedoch der erhöhte Energieumsatz. Kühlsysteme benötigen gemäß Klocke vielfach ca. 20 % des Energieumsatzes einer Werkzeugmaschine [KLOC11]. Der erhöhte Energieumsatz wirkt konträr zu internationalen Bemühungen zur Reduktion des Energieumsatzes und zur Realisierung einer nachhaltigen industriellen Produktion [BOOS21]. Weiterhin ist der höhere Energieverbrauch mit höheren Energiekosten verbunden, weshalb Kompensationsstrategien zur Reduktion des thermo-elastischen Maschinenfehlers in der vorliegenden Arbeit nicht weiter thematisiert werden.

Neben den Ansätzen zur Kompensation, existieren Ansätze zur steuerungstechnischen Korrektur des thermo-elastischen Fehlers. Die Korrektur des thermo-elastischen Fehlers setzt jedoch eine Kenntnis über die Größe des Fehlers voraus. Der bekannte reproduzierbare Fehler kann dann mithilfe der Maschinensteuerung korrigiert werden. Da die steuerungstechnische Korrektur der Werkzeugposition mit modernen Maschinensteuerungen bereits möglich ist, liegt der Fokus aktueller Forschungsarbeiten auf der Entwicklung von Modellen zur Berechnung der Fehlergröße, welche im folgenden Abschnitt beschrieben werden.

2.3 Modellierung des thermo-elastischen Maschinenverhaltens

Modeling the thermo-elastic machine tool behavior

Zur steuerungstechnischen Korrektur des thermo-elastischen Fehlers ist ein genaues Wissen über die Größe des thermo-elastischen Fehlers am TCP erforderlich. In der Fachliteratur gibt es zahlreiche Ansätze zur Modellierung des thermo-elastischen Maschinenverhaltens. Ziel ist dabei die Bestimmung der thermo-elastischen Werkzeugverlagerung während der Bearbeitung.

Ein Überblick über die Fachliteratur zur Modellierung des thermo-elastischen Maschinenverhaltens bis zum Jahr 2012 wird durch Mayr et al. [MAYR12] und bis zum Jahr 2023 durch Gao et al. gegeben [GAO23]. Im Folgenden werden auszugsweise wichtige Bestandteile dieser Arbeiten dargestellt und erweitert. Die Ansätze unterscheiden sich durch die Art der verwendeten **Modelleingangsdaten** (Abschnitt 2.3.1), den gewählten **Modelltypen** (Abschnitt 2.3.2) und die berechenbaren Maschinenfehler bzw. die **Modellausgangsdaten** (Abschnitt 2.3.3).

2.3.1 Modelleingangsdaten

Model input parameters

Die in der Fachliteratur verwendeten Eingangsdaten zur Berechnung des thermo-elastischen Maschinenverhaltens sind Teil der thermo-energetischen Wirkungskette. Diese beschreibt, wie in Abschnitt 2.2 dargelegt, den physikalischen Zusammenhang zwischen dem thermo-elastischen Maschinenverhalten und deren Ursachen. Grundsätzlich ist es möglich, jede physikalische Größe entlang der Wirkungskette zu erfassen. Es sind jedoch nicht alle Größen mit gleichem Aufwand und Nutzen erfassbar. Der Aufwand zum Erfassen der Größe bemisst sich hauptsächlich am finanziellen Aufwand, wie den Kosten für eine entsprechende Sensorik. Zusätzlich ist auch der zeitliche Aufwand einer potenziellen Parametrierung bei der Nutzung relevant.

Der Nutzen einer Größe ergibt sich primär daraus, wie gut sie dazu verwendet werden kann, das thermo-elastische Verhalten mithilfe eines Modells zu bestimmen. Dabei gilt allgemein, dass Größen, die weiter am Ende der thermo-elastischen Wirkungskette liegen, einen größeren Nutzen haben als Größen, die am Beginn der Kette stehen. Dies ist darauf zurückzuführen, dass zwischen den einzelnen Schritten der Wirkungskette Umwandlungsprozesse stattfinden, die im Modell abgebildet werden müssen. Bei jedem dieser Umwandlungsschritte können jedoch Modellunsicherheiten auftreten, die zu Fehlern im Gesamtergebnis führen können. Zwischen den Daten am Ende der Wirkungskette und dem thermo-elastischen TCP-Fehler gibt es weniger Umwandlungsschritte als zwischen den Daten am Beginn der Kette und dem TCP-Fehler. Daher haben die Daten am Ende der Kette einen höheren Nutzen als die Daten zu Beginn.

In Bild 2.5 ist dargestellt, an welchen Stellen der thermo-energetischen Wirkungskette Daten über das thermo-elastische Maschinenverhalten gemessen werden können. Im Folgenden wird diskutiert, wie hoch der Nutzen dieser Daten zum thermo-elastischen TCP-Fehler ist und wie aufwendig die Erfassung ist.

Maschineninterne Daten

Die maschineninternen Daten befinden sich am Beginn der thermo-elastischen Wirkungskette. Zwischen den meisten maschineninternen Daten und dem TCP-Fehler erfolgen daher viele Umwandlungsschritte (Beispiel: Motorstrom → Bewegungsenergie → Reibung → Wärmestrom → Temperaturfeld → Verlagerungsfeld → TCP-Fehler). Jeder dieser Umwandlungsschritte muss durch das Modell abgebildet werden, wobei bei jedem Schritt Modellunsicherheiten auftreten können, die das Ergebnis negativ beeinflussen.

Gleichzeitig sind maschineninterne Daten sehr einfach und ohne zusätzlichen Installationsaufwand von Sensoren erfassbar. Beispielsweise stehen Achspositionen, Geschwindigkeiten und Motorströme, die Teil der Lageregelkreise (Bild 2.2) sind, bereits in der Steuerung zur Verfügung.

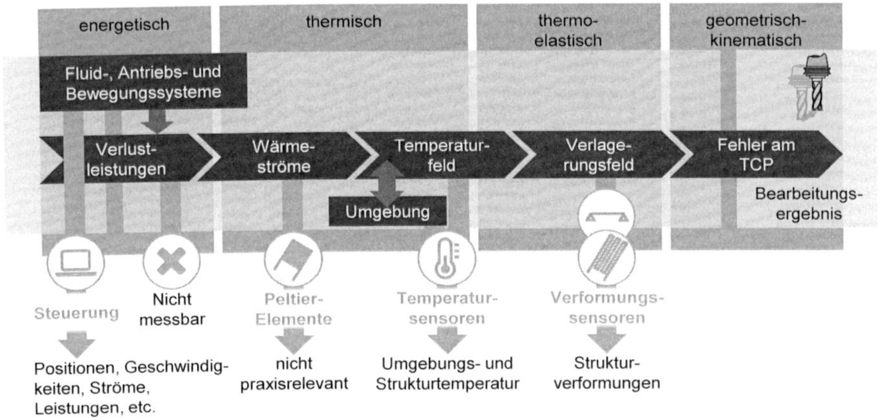

Bild 2.5: Daten zur Verwendung in Modellen zur Berechnung des thermo-elastischen Maschinenverhaltens entlang der thermo-energetischen Wirkungskette in Anlehnung an [GROß15]

Data for the usage in models to compute the thermo-elastic machine tool behavior along the thermoenergetic chain, adapted from [GROß15]

Wennemer benutzt in seiner Dissertation die Achsgeschwindigkeit, um das thermoelastische Maschinenverhalten zu berechnen. Die Achsgeschwindigkeit ist proportional zu der an den Achskomponenten entstehenden Reibkraft und somit der entstehenden Verlustleistung. Mit dem Modell kann eine gute Korrekturqualität des thermo-elastischen TCP-Fehlers (Tool Center Point) erreicht werden. Der thermo-elastische Fehler einer Werkzeugmaschine konnte von 24,8 ± 8 µm auf 12,1 ± 2,8 µm reduziert werden. Die Parametrierung der Verzögerungselemente ist jedoch sehr kostenintensiv und langwierig, sodass es in der Industrie kaum Anwendung findet. [WENN18]

In Arbeiten von Brecher et al., Li et al. und Mohammadi et al. wird der Motorstrom der Achsmotoren zur Korrektur des thermo-elastischen Maschinenverhaltens verwendet. Der Motorstrom steht im Zusammenhang mit der Summe der Verlustleistungen im Motor und der notwendigen Kraft zur Bewegung der Achsen. Die Kraft zur Bewegung der Achsen steht wiederum im Zusammenhang mit der Reibkraft und infolgedessen zu der in den Führungselementen entstehenden Verlustleistung. Auch in diesen Arbeiten kann bei einem hohen Parametrierungsaufwand eine gute Korrekturqualität erreicht werden. [BREC04], [MOHA17], [LI20a], [WISS14]

Der quadrierte Motorstrom weist einen linearen Zusammenhang zu den Kupferverlusten, und die quadrierte Achsgeschwindigkeit einen linearen Zusammenhang zu den Wirbelstromverlusten und den Eisenverlusten im Motor auf [VASK74]. Diese drei Arten von Verlustleistungen wirken sich in einem Wärmestrom aus und stehen somit in einem Zusammenhang mit dem thermo-elastischen Maschinenfehler.

Brecher, Dehn et al. verwenden die Position der Werkzeugmaschine zur Berechnung der TCP-Verlagerung mithilfe einer FE-Simulation [BREC24]. Von der Achsposition ist abhängig, an welchem Ort die Berührungsstelle zwischen Führungsschienen und Führungswagen sowie Kugelgewindetrieb und Mutter ist. An der Berührungsstelle fließt Wärme zwischen den Komponenten, welche sich auf das Temperaturfeld der Werkzeugmaschine auswirkt. In der Arbeit kann eine gute Korrekturqualität von 59 % erreicht werden, die Entwicklung der FE-Simulation zeigte sich jedoch als sehr aufwendig.

Alle hier beschriebenen Ansätze zur Nutzung der maschineninternen Daten zur Berechnung des thermo-elastischen Maschinenverhaltens zeigen eine gute Korrekturqualität. Der Aufwand zur Parametrierung der Modelle ist jedoch in allen Fällen sehr hoch. Dies ist darauf zurückzuführen, dass nur ein zeitlich verzögerter Zusammenhang zwischen den Steuerungsdaten und dem thermo-elastischen Maschinenverhalten besteht.

Verlustleistung und Wärme

Die Verlustleistung und Wärme, die innerhalb der Werkzeugmaschinenkomponenten fließt, ist nicht direkt messbar [KLOC13]. Es ist jedoch möglich mit Peltier-Elementen punktuell eine Temperaturdifferenz zu messen, welche in einem direkten Zusammenhang zum lokalen Wärmestrom steht. In der Fachliteratur existieren Ansätze, welche die zweite Funktion von Peltier-Elementen, der Induktion einer Temperaturdifferenz, zur aktiven Temperaturregelung einer Werkzeugmaschine nutzen [LIU23], [FAN22]. Es existieren jedoch noch keine praxisrelevanten Ansätze zur Bestimmung des thermo-elastischen Fehlers auf Basis von gemessenen Wärmeströmen oder gemessenen Verlustleistungen.

Interaktion mit der Umgebung

Die Werkzeugmaschine steht an ihren Systemgrenzen zur Umgebung in konstantem Wärmeaustausch. Insbesondere ist die Konvektion an den Oberflächen zu nennen, welche sich signifikant auf das thermo-elastische Maschinenverhalten auswirkt. Typischerweise werden zur Korrektur des umgebungsbedingten thermo-elastischen Maschinenverhaltens Temperatursensoren in der Maschinenumgebung platziert. Diese sind vergleichsweise kostengünstig und geben einen Wert aus, der im direkten Zusammenhang mit der an der Maschine auftretenden Konvektion in der näheren Umgebung des Sensors steht. Bei größeren Werkzeugmaschinen werden aufgrund dieser Einschränkung mehrere Sensoren zur Erfassung der Umgebungsbedingungen eingesetzt.

Kohut et al. und Erben et al. befassen sich mit der Messung der Konvektion an der Oberfläche von Werkzeugmaschinen [KOHU11], [ERBE23]. Die Ergebnisse der Arbeiten können verwendet werden, um die Konvektion an einer Maschinenwand zu parametrieren. Die Parametrierung in der praktischen Umsetzung ist sehr zeitaufwendig, da sowohl die Lage und Orientierung der Maschinenwand, als auch die Oberflächenbeschaffenheit, die Strömungsgeschwindigkeit und das Material einen starken Einfluss auf die Konvektion haben [BREC18].

Aufgrund der genannten Problemfelder ist die Verwendung von Umgebungstemperaturen in Kombination mit Künstlichen Neuronalen Netzen (KNN) deutlich häufiger in der Fachliteratur beschrieben.

Temperaturdaten

Temperaturdaten zur Bestimmung des thermo-elastischen Verhaltens mit KNN sind die meistgenutzte Art von Input-Daten für thermo-elastische Maschinenmodelle. Dies liegt insbesondere an den niedrigen Kosten der Temperatursensoren [UNIT23] und der einfachen Installierbarkeit. Als Temperatursensoren werden in der Fachliteratur überwiegend Platin-Messwiderstände (PT) genutzt, deren Widerstand sich in Abhängigkeit der Materialtemperatur verändert. Das Übertragungsverhalten zwischen der Temperatur und dem thermo-elastischen Fehler entspricht unter der Annahme, dass die Temperatursensoren nah an den Wärmequellen angebracht werden, einem P-Glied [WENN18].

Aufgrund der niedrigen Kosten von Temperatursensoren und dem einfachen Übertragungsverhalten von gemessenen Temperaturen zum thermo-elastischen Maschinenverhalten sind Temperaturdaten ein viel genutzter Inputdatensatz für KNN. Eine Übersicht der in der Fachliteratur erzielten Korrekturgüte des thermo-elastischen Maschinenverhaltens in Abhängigkeit der Anzahl an verwendeten Temperatursensoren ist in Bild 2.6 gegeben. Das Bild stellt eine Erweiterung der Auswertung von Czwartosz et al. dar [CZWA22]. Eine Auflistung der verwendeten Quellen ist im Anhang in Tabelle 9.2 gegeben. Bei dem folgenden Diagramm und allen folgenden Diagrammen wird eine Achsbeschriftung gemäß DIN 1313 verwendet [DIN62].

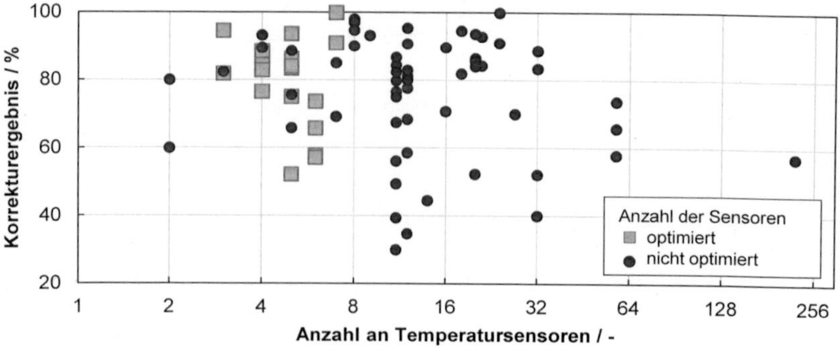

Bild 2.6: Anzahl der in der Fachliteratur verwendeten Temperatursensoren zur Berechnung des thermo-elastischen Maschinenverhaltens in Anlehnung an Czwartosz et al. [CZWA22]

Number of temperature sensors used to predict the thermo-elastic machine tool behavior following Czwartosz et al. [CZWA22]

Die Auswertung zeigt, dass ein Großteil der in der Fachliteratur vorgestellten Modelle zwischen vier und 32 Temperatursensoren als Eingangsgrößen verwendet. Nur neun der Modelle verwenden eine größere oder kleinere Anzahl. Weiterhin zeigt die Analyse, dass es keinen Zusammenhang zwischen der Anzahl an Temperatursensoren und dem Korrekturergebnis gibt. Dies kann darauf zurückgeführt werden, dass die Art der verwendeten Modelle und Maschinen nicht miteinander vergleichbar sind. Die Modelle variieren u. a. in der Größe des Trainingsdatensatzes und die Spannbreite der untersuchten Maschinen reicht von hochpräzisen Bearbeitungszentren bis zu einfachen Maschinen mit Dreiachskinematik. Daher ist eine Einordnung der Ergebnisqualität der Modelle in den Stand der Technik nicht möglich.

In der Fachliteratur werden insgesamt 20 Modelle beschrieben, bei denen die Anzahl der verwendeten Temperatursensoren optimiert wird. Die Optimierung wird vorgenommen, da Modelle mit vielen Temperatursensoren zum Overfitting neigen. Bei der Verwendung von zu wenig Temperatursensoren hingegen können nicht genügend relevante Inputdaten vorhanden sein. Durch die Optimierung werden beide Zustände vermieden. Die Modelle mit einer optimierten Anzahl an Temperatursensoren verwenden minimal drei und maximal acht Temperatursensoren.

Neben einer Optimierung der Anzahl an Sensoren kann ebenfalls eine Optimierung der Sensorplatzierung durchgeführt werden. Eine solche Optimierung der Sensorplatzierung im Zusammenhang zum thermo-elastischen Verhalten von Werkzeugmaschinen wurde beispielsweise von Naumann et al. im SFB/TR 96 durchgeführt [NAUM25]. Da Messungen von Temperatursensoren immer mit Unsicherheiten behaftet sind, ist auch die darauf basierende berechnete Verlagerung am TCP von Fehlern beeinflusst.

Der Einfluss der Messfehler auf die Genauigkeit der TCP-Verlagerung hängt maßgeblich von der Auswahl der Positionen der Temperatursensoren auf der Maschinenoberfläche ab. Aufgrund der komplexen Struktur der Oberflächen von Werkzeugmaschinen ist es praktisch nicht möglich, die Sensoren beliebig auf der Oberfläche zu platzieren. Daher kann eine begrenzte Anzahl potenzieller Sensorpositionen im Voraus festgelegt werden, und aus dieser Auswahl wird die optimale Kombination ermittelt. Durch die Ermittlung der optimalen Kombination erreicht Naumann eine verbesserte Platzierung der Sensoren. Infolge der verbesserten Platzierung sind sowohl die prognostizierte Verlagerung als auch die prozessaktuellen Parameter von höherer Güte. Von der optimalen Sensorplatzierung profitieren somit die Methoden zur Korrektur des thermo-elastischen Maschinenfehlers, da mit der gleichen Anzahl an Sensoren ein besseres Korrekturergebnis erzielt werden kann. [NAUM25]

Kühlschmierstoff (KSS)

Auch wenn es in der Industrie unter anderem aufgrund von Nachhaltigkeitsbestrebungen einen Trend zur Reduktion des KSS-Einsatzes gibt, wird es zurzeit in einem Großteil der industriellen Prozesse verwendet [KUI22], [HAMR20]. Entsprechend dem Namen hat KSS nicht nur eine schmierende, sondern auch eine kühlende Funktion im Bearbeitungsprozess. Das Kühlen bezieht sich hierbei auf die Kühlung der Bearbeitungsstelle. Gleichzeitig wird der KSS bei konventionellen Werkzeugmaschinen im ganzen Arbeitsraum verteilt und führt hier ebenfalls Wärme ab. Da es nur mit sehr aufwendigen Methoden möglich ist, die Position und Temperatur der KSS-Masse im Arbeitsraum zu bestimmen, ist eine Modellierung dieses Wärmeabtrags mit hohem Aufwand verbunden [DEHN23]. In den Untersuchungen zum thermo-elastischen Maschinenverhalten unter Verwendung von KSS wird in der Regel daher nur die Auswirkung des KSS auf das Temperaturfeld der Maschinenstruktur mit Temperatursensorik gemessen und als Input für das Modell verwendet [KIZA21], [ZIMM23].

Dehnung

Die Strukturdehnung befindet sich am Ende der thermo-elastischen Wirkungskette und stellt somit eine belastbare Größe zur Bestimmung der thermo-elastischen Werkzeugverlagerung dar. Typischerweise werden Dehnungen an Bauteilen mit Dehnungsmessstreifen (DMS) gemessen. Diese Dehnungsmessstreifen werden auf der Maschinenstruktur montiert. Sie dehnen sich gemeinsam mit der Maschinenstruktur und ändern ihren Widerstand in Abhängigkeit dieser Dehnung [ADDI21]. Wang et al. verwenden DMS zur Bestimmung der thermo-elastischen Werkzeugverlagerung [WANG18]. DMS haben den Nachteil, dass sie nur punktuell messen können und sensitiv gegenüber Änderungen der Randbedingungen, wie beispielsweise der Umgebungstemperatur, reagieren.

Brecher et al. umgehen diese Nachteile von DMS durch die Verwendung eines umhausten Stabs aus kohlenstofffaserverstärktem Kunststoff (CFK) zur Messung der

Strukturdehnung von Werkzeugmaschinen. Die CFK-Stäbe dehnen sich nicht in Abhängigkeit der Temperatur aus und erlauben eine Messung der Strukturdehnung über größere Entfernungen [BREC19c].

In Tabelle 2.1 sind die in der Literatur häufig verwendeten Arten von Eingangsdaten sowie eine Bewertung der Daten zusammengefasst.

Tabelle 2.1: Übersicht und Bewertung der verschiedenen Input-Größen für Modelle zum thermo-elastischen Maschinenverhalten

Overview and evaluation of various input Values for models regarding the thermo-elastic machine tool behavior

Daten		Verfügbarkeit	Aussagekraft
Maschineninterne Daten	Position	++	+
	Geschwindigkeit	++	+
	Motorstrom	++	+
Wärme		--	+
Temperatur		+	++
Dehnung		-	+++

Neben den in der Tabelle dargestellten Datentypen, die häufig in Modellen zur Beschreibung des thermo-elastischen Maschinenverhaltens verwendet werden, gibt es auch Daten, die in der Literatur bisher wenig bis keine Beachtung gefunden haben. Dies betrifft insbesondere die Encoderdifferenz.

Encoderdifferenz

Werkzeugmaschinen nutzen verschiedene Arten von Encodern, um die Position der Maschinenachsen zu erfassen. Aufgrund der geforderten hohen Auflösung haben sich heute allgemein Messsysteme mit photoelektrischer Abtastung von Linearmaßstäben für lineare Systeme bzw. Teilscheiben für rotatorische Systeme durchgesetzt [BREC21a]. Als Maßstabsmaterial können unter anderem Metalle, Gläser oder Keramiken verwendet werden. Die Hauptfaktoren zur Wahl des Materials sind hierbei in der Regel einerseits die Kosten und andererseits der thermo-elastische Dehnungskoeffizient des Materials.

Unabhängig von der Art des Linearmaßstabes und dem Maßstabsmaterial wird in der Regel ein Drehgeber (Rotativencoder) am Achsmotor verwendet, dessen Position im Lageregelkreis (vgl. Abschnitt 2.1) genutzt wird. In Bild 2.7 ist die thermisch aktive Strecke einer typischen Werkzeugmaschinenachse dargestellt, in der sich eine thermo-elastische Verformung direkt auf die Positionsmessungen der Encoder auswirkt.

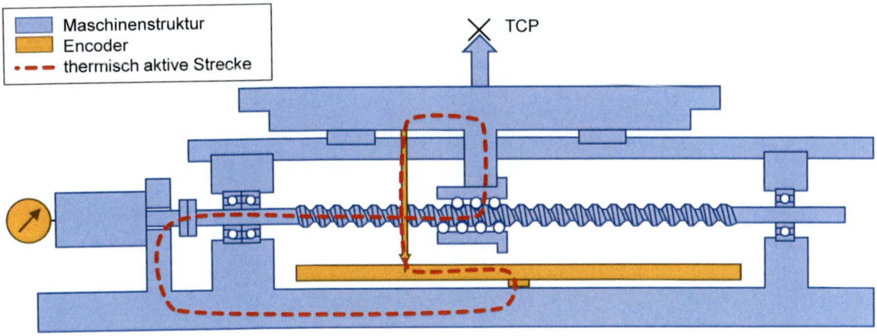

Bild 2.7: Thermisch aktive Strecke der Linearachse einer Werkzeugmaschine und der dazugehörigen Messsysteme in Anlehnung an Brecher et al. [BREC23]

Thermally active distance of machine tool linear axis and the corresponding measurement systems according to Brecher et al. [BREC23]

Der Linearmaßstab bildet das direkte Messsystem und ist in der Regel an der Basisstruktur der Achse angebracht, während der Abtastkopf an der beweglichen Seite befestigt ist. Das Wissen über das thermo-elastische Verhalten von Linearmaßstäben ist essenziell für die erzielbare Genauigkeit der Werkzeugmaschinen, in denen sie verwendet werden. Hersteller von Maßstäben legen hohen Wert auf ein reproduzierbares thermo-elastisches Verhalten [HEID23]. Insbesondere lange Maßstäbe (>1 m) werden in der Regel mittig an der Struktur fest verschraubt. Die weiteren Schraubverbindungen sind mit Festkörpergelenken gelagert, sodass eine Dehnung des Gehäuses sowie des innenliegenden Maßstabs zu den Enden hin möglich ist [HEID23], [BREC17a].

Beim Betrieb der Maschine kann es zu einer Abweichung zwischen den Positionsmessungen von Drehgeber und Linearmaßstab kommen. Diese Abweichung wird in der vorliegenden Arbeit als Encoderdifferenz bezeichnet. Für die Encoderdifferenz gibt es eine Vielzahl an Ursachen. Diese Ursachen können gemäß Brecher, Dehn et al. aus der Produktion, dem Betrieb oder einer thermo-elastischen Deformation kommen [BREC23]. Produktionsfehler wirken sich überwiegend in geometrischen Fehlern der Komponenten aus. Kugelumlaufspindeln weisen typischerweise einen periodischen Spindelsteigungsfehler auf [WANG20], der zu einer periodisch schwankenden Encoderdifferenz führt. Dieser Fehler kann mithilfe einer laserinterferometrischen Messung steuerungstechnisch korrigiert werden.

Weiterhin können Kräfte, die auf die Achse wirken, die Encoderdifferenz beeinflussen. Dies sind beispielsweise Prozesskräfte, Beschleunigungskräfte und Reibungskräfte. Der Zusammenhang zwischen den Prozesskräften und der Encoderdifferenz wurde von Xi et al. zur Bestimmung der Werkzeugabdrängung untersucht [XI21]. In ihrer Arbeit wird der Zusammenhang zwischen der Prozesskraft und der Encoderdifferenz verwendet, um im Umkehrschluss aus einer bekannten Encoderdifferenz eine Prozesskraft abzuleiten. Dies wird dann bei Xi et al. genutzt, um mit einer vorab parametrierten Maschinensteifigkeit die Werkzeugabdrängung im Prozess zu bestimmen.

Wang et al. führen ihre Untersuchungen an einem KGT-Prüfstand mit einer einseitig festen Lagerung (fest/gestützt) durch. Hier wird der KGT durch eine konstante Bewegung mit einer Geschwindigkeit von 0,1 m/s erwärmt. Anschließend wird die Encoderdifferenz und das Drehmoment während einer langsamen Fahrt mit konstanter Geschwindigkeit von 0,03 m/s über die komplette Achslänge in beiden Richtungen gemessen. Die Messung dauert 18 s, wobei im Umkehrpunkt eine Rast von 1 s definiert ist, in der die Achse sich nicht bewegt. Die Veränderung der Encoderdifferenz und des Drehmoments während der Untersuchung ist in Bild 2.8 dargestellt.

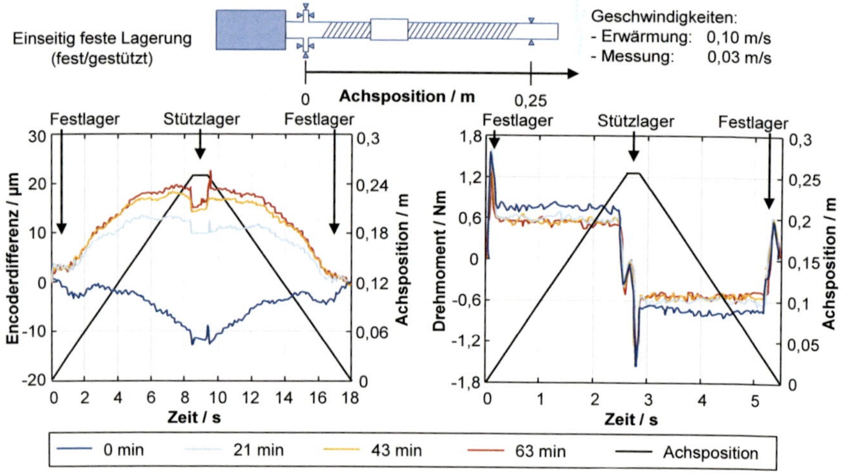

Bild 2.8: Encoderdifferenz und Reibmoment in Abhängigkeit der Erwärmungszeit [WANG20]

Encoder difference and friction torque depending on the load time [WANG20]

Zunächst wird eine Messung im Ursprungszustand (0 min – blaue Kurve) durchgeführt. Hier ergibt sich eine Encoderdifferenz von -10 µm am Stützlager. Anschließend wird die Achse durch das Reversieren erwärmt. Bei den Messungen im erwärmten Zustand (21, 43 und 63 min) ist der Nähe des Festlagers zum Messzeitpunkt 0 s keine Veränderung der Encoderdifferenz zu erkennen. Am Stützlager lässt sich eine Veränderung von mehr als 30 µm im Vergleich zur Ausgangssituation über die Versuchsdauer feststellen. Weiterhin ist ersichtlich, dass sich das notwendige Drehmoment bei der konstanten Verfahrgeschwindigkeit leicht verändert. Ausgehend vom initialen, kalten Zustand sinkt das notwendige Drehmoment. Dies kann auf eine Veränderung der Vorspannung zwischen KGT und Mutter aufgrund thermo-elastischer Verformungen, sowie eine veränderte Viskosität des Öls durch die gestiegene Temperatur zurückgeführt werden.

Unabhängig davon, welche Eingangsdaten verwendet werden, ist es im nächsten Schritt notwendig, ein Modell zu definieren, das aus den Eingangsdaten den thermo-elastischen Fehler berechnet. Die unterschiedlichen Modelltypen zur Modellierung des thermo-elastischen Verhaltens von Werkzeugmaschinen werden im nächsten Kapitel behandelt.

2.3.2 Modelltypen

Model types

Die in der Fachliteratur beschriebenen Modellierungsansätze können in Whitebox-, Graybox- und Blackbox-Ansätze unterteilt werden. Diese Unterteilung baut auf dem Abstraktionsgrad des jeweiligen Modells auf. Whitebox-Modelle verwenden rein deterministisches Wissen über die physikalischen Zusammenhänge. Blackbox-Modelle bedienen sich ausschließlich mathematischer Zusammenhänge, ohne dass tiefergehendes physikalisches Wissen berücksichtigt ist. Graybox-Modelle bilden eine Mischform der beiden vorherigen. Im Folgenden wird ein Überblick über die relevanten Arbeiten aus den drei Bereichen für diese Arbeit gegeben. [LOYO19]

Whitebox-Modelle

Während Whitebox-Modelle zur Berechnung des thermo-elastischen Verhaltens von einzelnen Maschinenkomponenten weitverbreitet sind, gibt es nur wenige Whitebox-Modelle, bei denen das Gesamtverhalten der Werkzeugmaschine abgebildet wird. Dies liegt an der Komplexität des thermo-elastischen Maschinenverhaltens und dem damit einhergehenden hohen Modellierungsaufwand der Modelle [BREC06].

Die Werkzeugmaschine unterliegt dem Einfluss einer Vielzahl verschiedener Randbedingungen, die durch Wärmeleitung, Konvektion und Wärmestrahlung an und in den verschiedenen Maschinenkomponenten gegeben sind. Nur bei der vollständigen Beschreibung aller Randbedingungen ist eine genaue Berechnung des thermo-elastischen Maschinenverhaltens möglich. Sauerzapf et al. stellen ein Modell vor, welches Submodelle aus verschiedenen Forschungsarbeiten zu einem übergreifenden Maschinenmodell auf Basis der Finite-Elemente-Methode (FEM) zusammenfügt [SAUE23]. Der Modellierungsaufwand für die Gesamtmaschinensimulation mittels FEM ist enorm zeitaufwendig und in industriellen Anwendungen daher kaum abbildbar. Eine Analyse der Genauigkeit des Gesamtmodells wird von den Sauerzapf et al. nicht durchgeführt [SAUE23].

Ein ähnlicher Ansatz wird von Turek et al. gewählt. Aus der Publikation von Turek et al. geht jedoch nicht hervor, wie groß der Modellierungsaufwand, die Rechenzeit und die Genauigkeit des Modells sind [TURE10]. Mayer verwendet in seiner Publikation eine Kombination aus FEM und Finite-Differenzen-Methoden (FDM), um die Vorteile der beiden Methoden zu vereinen [MAYR09]. Mit der „sehr effizienten Methode“ kann er den thermo-elastischen TCP-Fehler bei einer Pendelbewegung der Y-Achse von 22 µm auf 8 µm reduzieren.

Um das Problem der hohen Rechenzeit zu umgehen, zeigen Brecher, Dehn et al., dass es möglich ist, durch eine Rückführung von regelmäßigen Messungen der TCP-Verlagerung den Modellierungs- und Berechnungsaufwand zu reduzieren, ohne dass bei der Berechnungsgenauigkeit Abstriche erkennbar werden. In den vorgestellten Untersuchungen kann die Werkzeugverlagerung um 59 % reduziert werden. Gleichzeitig ist das Modell echtzeitfähig und wurde in Zerspanungsversuchen validiert. Die Verwendung der Messdaten der TCP-Verlagerung führt jedoch zu einer verringerten Maschinenproduktivität. [BREC20c], [BREC24]

Whitebox-Modellierungsverfahren zeigen sich in der Literatur als gute Möglichkeit zur Modellierung des thermo-elastischen Maschinenverhaltens mit dem Nachteil, des hohen Modellierungsaufwands und oft langer Rechenzeiten. Unter der Annahme, dass Literaturwerte für die Beschreibung der Wärmetransportvorgänge in der Maschine ausreichend sind, haben die Verfahren den Vorteil, dass für die Modellierung keine Parametrierungsdaten von bekannten Lastzuständen verwendet werden müssen. In der Regel sind die Literaturwerte jedoch ungenau, sodass es zu einem Modellierungsfehler kommt. Alternativ hierzu kann eine sehr aufwendige Parametrierung dieser Werte an der Maschine vorgenommen werden.

Graybox-Modelle

Graybox-Modelle weisen in der Regel im Vergleich zu Whitebox-Modellen eine deutlich geringere Rechenzeit auf, da die physikalischen Zusammenhänge stark vereinfacht werden. In der Fachliteratur stellt die Modellierung des thermo-elastischen Verhaltens mithilfe von niederrangigen Verzögerungselementen einen viel zitierten Vertreter der Graybox-Modellierung dar. Der erstmals von Heisel vorgestellte Ansatz wird in der Dissertation von Wennemer ausführlich beschrieben [WENN18], [HEIS80]. Mithilfe des vorgestellten Modells kann der thermo-elastische Maschinenfehler einer Werkzeugmaschine von 42,3 ± 6,6 µm auf 12,5 ± 3,8 µm reduziert werden. Da der modellierte Zusammenhang nicht komplex ist, ist es ohne Weiteres möglich, den thermo-elastischen Fehler prozessparallel zu modellieren. Dies wird bei der prozessparallelen Anwendung des Modells durch Dehn et al. gezeigt [DEHN23].

Das von Wennemer entwickelte Graybox-Modellierungsverfahren ist echtzeitfähig und kann in allen Anwendungssituationen prozessparallel den thermo-elastischen Maschinenfehler berechnen [WENN18]. Sie haben jedoch den Nachteil, dass sie nur auf einem reduzierten physikalischen Modell aufbauen, das gegebenenfalls nicht alle Lastsituationen abbilden kann. Daher weisen sie einen erhöhten Parametrierungsaufwand auf, bei dem möglichst viele Lasten abgebildet werden.

Blackbox-Modelle

Blackbox-Modelle nehmen bei der Modellierung des thermo-elastischen Fehlers in der Literatur einen immer größeren Stellenwert ein. Daher werden sie im folgenden Abschnitt vertiefend betrachtet. Zunächst werden die mathematischen Grundlagen von Blackbox-Modellen erörtert und verschiedene Typen von Blackbox-Modellen beschrieben. Anschließend wird deren Anwendung und Erforschung im Kontext der Simulation des thermo-elastischen Maschinenverhaltens dargestellt.

Der Begriff Blackbox bezeichnet im Allgemeinen einen Prozess, von dem nur der Eingang und der Ausgang bekannt sind, nicht aber der Prozess selbst [NATH21]. Im Kontext der Modellierung physikalischer Zusammenhänge werden als Blackbox oft KNN verwendet, welche zuerst durch McCulloch et al. beschrieben wurden [MCCU43]. Diese KNN sind in Anlehnung an die Funktionsweise in Gehirnen gestaltet. Mit ihnen lässt sich jegliche mathematische Funktion approximieren. Es liegt jedoch nach erfolgreicher Erstellung des neuronalen Netzes kein Wissen über die physikalische Funktionsweise vor.

Wie bereits erwähnt, wurden im SFB/TR 96 umfangreiche Untersuchungen zu Modellen zur Korrektur des thermo-elastischen Verhaltens durchgeführt [BREC25]. Da in der vorliegenden Arbeit Künstliche Neuronale Netze (KNN) im Fokus stehen, erfolgt im Folgenden eine kurze Abgrenzung zu den bedeutendsten Modellvertretern des SFB/TR 96: Die strukturmodellbasierte Korrektur, die eigenschaftsmodellbasierte Korrektur und die kennfeldbasierte Korrektur.

Bei der strukturmodellbasierten Korrektur werden alle physikalischen Zusammenhänge abgebildet, die bestehen. Im Hinblick auf die Korrektur des thermo-elastischen Verhaltens von Werkzeugmaschinen bedeutet dies, dass sämtliche Elemente der thermo-elastischen Wirkungskette bei der Modellierung berücksichtigt werden. Für KNN muss dabei für keines der Elemente das physikalische Übertragungsverhalten bekannt sein. [MÜLL25]

Graybox-Modelle unterscheiden sich in einem ähnlichen Punkt von KNN. Während bei Graybox-Modellen der physikalische Zusammenhang zur Modellerstellung bekannt sein muss, ist dies bei KNN nicht erforderlich. Übertragen auf Modelle zur Korrektur des thermoelastischen Fehlers von Werkzeugmaschinen bedeutet dies, dass beispielsweise beim eigenschaftsbasierten Graybox-Modell nach Wennemer das grundlegende zwischen Motorstrom und thermo-elastischen TCP-Fehler bekannt ist und annähernd als Verzögerungsglied erster Ordnung beschrieben werden kann [WENN18], [BREC25]. Für ein KNN hingegen ist diese Kenntnis zur Modellierung nicht notwendig.

Eine Variante der Blackbox-Modelle sind Kennfelder. Diese stellen stetige Abbildungen eines Satzes von Eingangsgrößen auf eine Ausgangsgröße dar und basieren im Wesentlichen auf der Interpolation und Extrapolation gemessener oder simulierter Zustände [NAUM22]. Bei der Beschreibung des thermo-elastischen Verhaltens von Werkzeugmaschinen mit Kennfeldern werden in der Regel gemessene Maschinenstrukturtemperaturen sowie weitere Eingangsvariablen mit der TCP-Verlagerung in Zusammenhang gebracht. Ähnlich wie bei KNN ist dabei keine Kenntnis des physikalischen Zusammenhangs erforderlich. Kennfelder sind aufgrund ihrer einfachen Anwendbarkeit und ihres geringen Rechenbedarfs ein nützliches Werkzeug zur Berechnung des thermoelastischen Fehlers. KNN hingegen zeichnen sich durch eine hohe Abbildungsgenauigkeit nicht linearer Zusammenhänge sowie ihre flexible Gestaltung aus. Je nach Ausprägung können sie zudem Informationen über mehrere Zeitschritte hinweg speichern. Aufgrund dieser Vorteile wird im Folgenden ausschließlich auf KNN als Unterform der Blackbox-Modelle eingegangen. Der Aufbau eines KNN ist in Bild 2.9 dargestellt.

Das KNN besteht aus künstlichen Neuronen, in denen die mathematischen Funktionen abgelegt sind, welche die Eingangs- und Ausgangsdaten verknüpfen. Im einfachsten Fall liegt in einem Neuron eine lineare Funktion vor, welche die Summe aus allen gewichteten Eingängen ist (Formel 2.1) [ERTE21].

$$x_i = f\left(\sum_{j=1}^{n} w_{ij} x_j\right) \text{ mit} \tag{2.1}$$

x_i: Ausgabewert von Neuron i

w_{ij}: Gewichtung des Eingangswerts j in das Neuron i

x_j: Eingangswert im Neuron j

$f(x)$: Aktivierungsfunktion

Die Nichtlinearität eines Neurons wird über eine Aktivierungsfunktion f abgebildet. In der Fachliteratur werden unterschiedliche Aktivierungsfunktionen verwendet [HART24]. Eine der häufigsten Aktivierungsfunktionen ist die Rectified Linear Unit Function (deut.: gleichrichtende Lineareinheit; ReLU) (Formel 2.2).

$$f(x) = max\,(0, x) \tag{2.2}$$

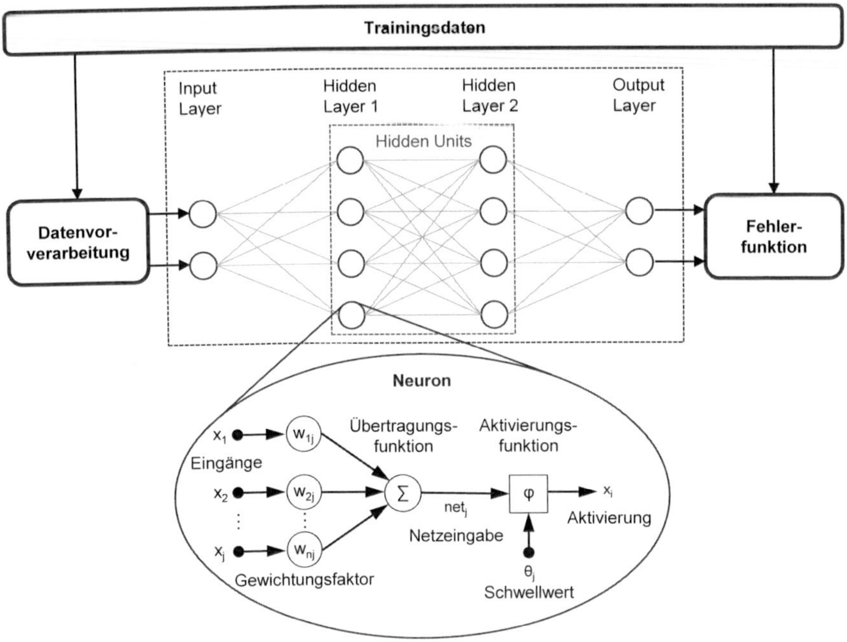

Bild 2.9: Schematische Darstellung eines einfachen KNN mit Elementen von [HART24]
Sketch of a simple artificial neural network (ANN) using elements of [HART24]

Mehrere Neuronen, die aus der gleichen Datenquelle gespeist werden, können zu einem sogenannten Layer (deut.: Schicht) zusammengefasst werden. Für den einfachen vorgestellten Fall wird diese Schicht Fully Conneced Layer (deut.: Vollständig verknüpfte Schicht) genannt, da hier jedes Neuron der Schicht mit jedem Neuron der folgenden Schicht verknüpft ist. Jedes KNN verfügt über eine Eingangsschicht und eine Ausgangsschicht. Die dazwischen gelagerten Schichten werden Hidden Layers genannt (deut.: verstecke Schichten). Bei zwei oder mehr verdeckten Schichten spricht man von einem Deep Neural Network (deut.: tiefes neuronales Netzwerk).

Ein bedeutendes Forschungsgebiet der Mathematik ist die Entwicklung von neuen Arten von Hidden Layers, welche unter gegebenen Randbedingungen performanter sind. Für die Modellierung des thermo-elastischen Maschinenverhaltens sind Hidden Layers, welche sequenzielle Daten verarbeiten, besonders relevant, da die Eingangsdaten, die die Maschinenlast beschreiben, nur eine verzögerte Auswirkung auf das thermo-elastische Maschinenverhalten aufweisen und somit nicht nur eine Auswirkung auf den aktuellen, sondern auch auf die folgenden Zeitschritte haben.

Zum Training von KNN wird die Backpropagation (deut.: Fehlerrückführung) verwendet. Die Backpropagation ist ein zentraler Bestandteil des Trainingsprozesses von neuronalen Netzen, bei dem die Gewichte basierend auf dem Fehler angepasst werden. Dieser Prozess erfolgt in zwei Schritten: Zunächst werden die Gradienten mithilfe der Fehlerrückführung berechnet, anschließend werden sie durch ein Optimierungsverfahren verwendet, um die Gewichte zu aktualisieren.

Die Fehlerrückführung berechnet die Gradienten schichtweise unter Anwendung der Kettenregel gemäß Formel 2.3 gemäß Hartl et al. [HART24].

$$\frac{\delta E}{\delta w_{ij}} = \frac{\delta E}{\delta x_i}\frac{\delta x_i}{\delta net_j}\frac{\delta net_j}{\delta w_{ij}} \text{ mit} \tag{2.3}$$

E: Fehlerfunktion

w_{ij}: Gewichtung des Eingangswerts j in das Neuron i

x_i: Ausgabewert von Neuron i

net_j: Netzeingabe des Eingangswerts j

Für eine effektive Optimierung müssen die Gewichte zu Beginn zufällig initialisiert werden, da gleiche Anfangswerte dazu führen würden, dass die Fehler gleichmäßig verteilt und die Gewichte identisch angepasst werden. Dies würde den Lernprozess behindern.

Das Ziel des Lernens ist die Minimierung der Fehlerfunktion durch Anpassung der Gewichte. Dies erfolgt durch den Gradientenabstieg gemäß Formel *2.4*, bei dem der Gradient der Fehlerfunktion genutzt wird, um die Gewichte in Richtung eines lokalen Minimums zu bewegen [HART24].

$$w_i = w_i - \alpha \frac{\delta E}{\delta w_i} \text{ mit} \tag{2.4}$$

E: Fehlerfunktion

w_i: Gewichtung an Neuron i

α: Lernrate

Der Prozess wird wiederholt, bis ein Abbruchkriterium erfüllt ist. In der Praxis werden oft effizientere Varianten des Gradientenabstiegs, wie der stochastische Gradientenabstieg oder das Adaptive Moment Estimation (deut.: adaptive Momentenschätzung; ADAM), eingesetzt. Das ADAM-Verfahren ist ein Optimierungsalgorithmus, der in neuronalen Netzen verwendet wird, um die Lernrate adaptiv zu steuern. [HART24].

Zur Berechnung von solchen Zusammenhängen können Recurrent Neural Networks (deut.: rekurrente neuronale Netze; RNN) verwendet werden. Diese RNN sind in der Lage, sich Informationen im Verlauf der Sequenz zu merken [SUTS14]. Die einfachste Form eines RNN kann sich Informationen nur für die Dauer eines Zeitschrittes merken. Um die Merkfähigkeit zu optimieren, werden verschiedene Unterformen von RNN in der Literatur beschrieben, welche eine verbesserte Merkfähigkeit aufweisen. Die meistverwendeten Unterformen sind die sogenannten Long Short Term Memory Layer (deut.: Schichten mit Lang- und Kurzzeitgedächtnis; LSTM). Die Struktur eines LSTM Layers ist schematisch in Bild 2.10 dargestellt.

Diese LSTM-Netze wurden erstmals durch Hochreiter et al. [HOCH97] beschrieben. Wie im Namen enthalten, weist ein LSTM-Netz sowohl ein Langzeit- als auch ein Kurzzeitgedächtnis auf. Das Gedächtnis wird über sogenannte Forget und Memory Gates realisiert (deut.: Vergessens- und Erinnerungstore). Diese bestimmen, wie viele Informationen aus dem letzten Zeitschritt in die Rechnung einbezogen – erinnert – und wie viele Informationen ausgelassen – vergessen – werden.

In einem LSTM-Modul gibt es anstelle einer einzigen neuronalen Funktion drei verschiedene Funktionen, die auf eine spezielle Art und Weise miteinander interagieren. Das Modul enthält die drei in Bild 2.10 dargestellten Gates (Input Gate, Forget Gate, Output Gate). Das Input Gate reguliert, in welchem Umfang neue Werte über den Cell State in das zeitlich nächste Neuron fließen, das Forget Gate bestimmt, welche Werte vergessen und das Output Gate steuert, in welchem Maße die Werte aus dem Neuron zur Berechnung im nächsten Modul der Kette verwendet werden. Diese Netzwerkelemente sind durch sigmoide neuronale Funktionen sowie verschiedene Vektor- und Matrixoperationen miteinander verbunden und werden ineinander überführt.

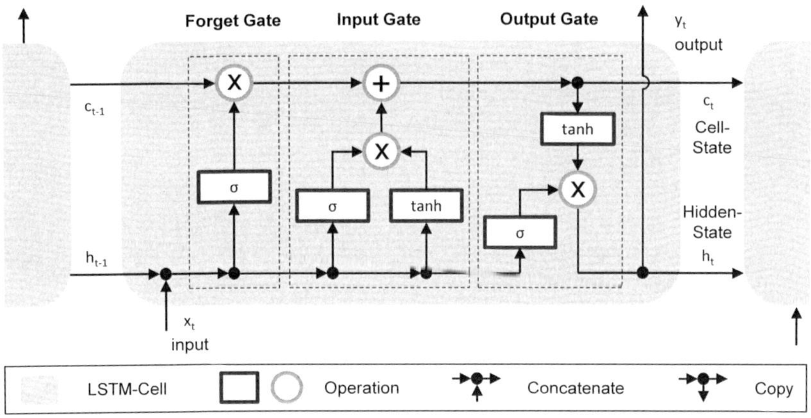

Bild 2.10: Links: Funktionsweise eines LSTM-Neurons nach Hochreiter et al. [HOCH97]
Left: Operating principle of an LSTM neuron according to Hochreiter et al. [HOCH97]

Die sogenannten Gated Recurrent Units (deut.: geschlossene wiederkehrende Einheit; GRU) werden ebenfalls oft verwendet. GRU-Netze wurden von Cho et al. in Anlehnung an LSTM-Netze entwickelt und weisen im Vergleich zu LSTM-Netzen weniger Parameter auf, wodurch die Trainingszeit im Allgemeinen sinkt [CHO14].

Weiterhin relevant, aber seltener verwendet, sind die Elman-Netze. Elman-Netze bestehen aus je einer Ausgabe-, einer Eingabe- und einer verdeckten Schicht, sowie aus Kontextzellen, welche aus der verdeckten Schicht gespeist werden und wieder zurück in die verdeckte Schicht führen. Die Kontextschicht erlaubt eine solche Speicherung von Daten über die Zeit.

Zur Parametrierung eines neuronalen Netzes wird das KNN zunächst mit einem bekannten Datensatz trainiert. Anhand der Eingangsdaten wird mit zufälligen Startgewichten ein Ergebnis berechnet (Formel 2.1). Dieses berechnete Ergebnis wird anhand einer Fehlerfunktion und dem bekannten Ausgangsdatensatz bewertet. In der Regel wird hierfür der Root Mean Square Error (RMSE) verwendet, welcher sich gemäß Formel 2.5 berechnet. Der RMSE ist die Wurzel des mittleren quadratischen Fehlers.

$$RMSE = \sqrt{\frac{1}{n}\sum_{i=1}^{n}(t_i - o_i)^2} \text{ mit} \tag{2.5}$$

$RMSE$: Root Mean Square Error
n: Anzahl der Ausgabewerte
t_i: Bekannter, wahrer Ausgabewert
o_i: Berechneter Ausgabewert

Die Anzahl an Forschungsarbeiten, die sich mit der Berechnung des thermo-elastischen Fehlers auf der Basis von RNN beschäftigen, ist im Verhältnis zu der Anzahl an Arbeiten, die eine Berechnung auf der Basis von konventionellen Strukturen durchführen, geringer. Der Grund hierfür ist, dass der Hauptteil der Arbeiten ausschließlich Strukturtemperaturen als Eingangsdaten verwendet. Die Strukturtemperatur weist eine direkte Korrelation mit der thermo-elastischen Strukturdehnung und entsprechend mit der TCP-Verlagerung auf. Es besteht also ein direktes Übertragungsverhalten zwischen der Strukturtemperatur und der TCP-Verlagerung [WENN18], womit eine Merkfunktion des Netzes nicht zwangsweise notwendig ist.

Diese Merkfunktion wird erst notwendig, wenn Inputdaten verwendet werden, die keine direkte Korrelation zu TCP-Verlagerung aufweisen. Dies können unter anderem der Motorstrom der Achsmotoren oder die Verfahrgeschwindigkeit der Achsen sein, die ein verzögertes Übertragungsverhalten zur TCP-Verlagerung aufweisen. In Bild 2.11 ist der Modellierungsfehler der in der Fachliteratur vorgestellten rekurrenten Modelle zur Berechnung des thermo-elastischen Maschinenverhaltens in Abhängigkeit des verwendeten Modelltyps dargestellt. Eine Auflistung der verwendeten Quellen ist im Anhang in Tabelle 9.3 gegeben.

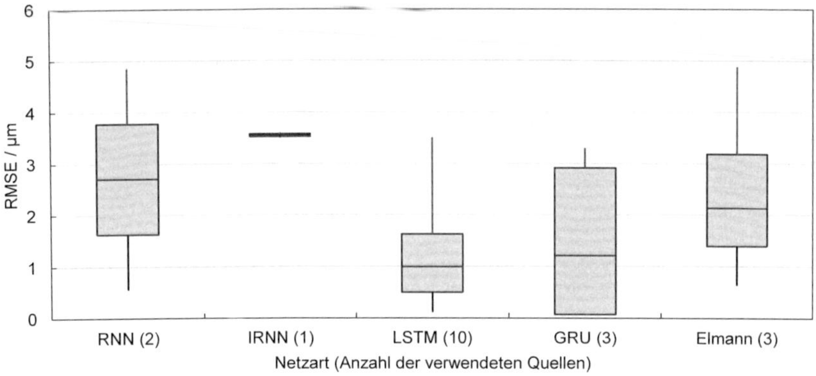

Bild 2.11: Modellierungsfehler der thermo-elastischen TCP-Verlagerung in Abhängigkeit der verwendeten Modellart

Model error of the thermo-elastic TCP displacement depending on the used model type

Alle Netztypen sind in der Lage, die thermo-elastische TCP-Verlagerung mit einem maximalen RMSE von unter 5 µm zu berechnen. Den geringsten RMSE haben die LSTM und GRU-Netze. Einschränkend wird jedoch darauf hingewiesen, dass die Menge an ausgewerteten Modellen sehr gering ist, und daher nur bedingt generalisierbare Schlüsse auf den Mehrwert der Verwendung von konkreten Modellarten gezogen werden können. Weiterhin wurden die Modelle unter variierenden Eingangsdaten trainiert und auf unterschiedlichen Maschinen angewendet, wodurch eine übergreifende Vergleichbarkeit nicht gegeben ist.

Ein Nachteil von Blackbox-Modellen ist, dass oft große Datenmengen notwendig sind, um sie zu trainieren. Eine Abhilfe hierzu kann das sogenannte Transfer Learning (deut.: Transfer Learning) bieten. Das Transfer-Learning wurde erstmalig 1976 durch Bozinovski et al. vorgestellt und ist eine Methode des maschinellen Lernens, bei der bereits erlangtes Wissen verwendet wird, um neue, analoge Probleme schneller und / oder effizienter zu lösen [BOZI20]. Die Vorteile des Transfer Learnings lassen sich gut an dem neuronalen Netz zur Bildklassifizierung „GoogLeNet“ verdeutlichen. Das Netzwerk ist online verfügbar und kann verwendet werden, um Objekte in Bildern zu identifizieren. Es hat somit schon Basisfunktionen erlernt, mit denen sich aus Bildern bestimmte Merkmale extrahieren lassen. Das Netzwerk ist jedoch nur mit gängigen Alltagsgegenständen trainiert und kann somit auch nur diese erkennen. Um die Erkennung von weiteren, ausgesuchten Gegenständen hinzuzufügen, ist der klassische Weg, den initialen Trainingsdatensatz um beschriftete Bilder der außergewöhnlichen Gegenstände zu erweitern und neu zu trainieren. Dieser Prozess ist jedoch zeitaufwendig.

Beim Transfer Learning bleibt das neuronale Netz mit seinen Kantengewichten erhalten. Es werden Netzschichten hinzugefügt oder ausgetauscht. Anschließend werden nur diese neuen Schichten mit dem neuen Datensatz an ausgesuchten Bildern trainiert. Das Ergebnis des Netzes ist vergleichbar mit der konventionellen Methode. Im Unterschied zur konventionellen Methode ist jedoch weniger Trainingsaufwand notwendig [ZHUA21], [LU15]. Die Anwendungsbereiche des Transfer Learnings sind vielfältig. Al-Huseiny et al. wenden das Transfer Learning an, um das erwähnte GoogLeNet darauf zu trainieren, Lungenkrebs auf Röntgenbildern zu erkennen. [AL-H21]

Im Forschungsbereich des thermo-elastischen Verhaltens von Werkzeugmaschinen wird Transfer-Learning nur in wenigen Forschungsarbeiten verwendet. In diesen Forschungsarbeiten wird meistens darauf abgezielt, die Menge an notwendigen Trainingsdaten zu reduzieren. Zum Training des Modells ist es notwendig, eine Messung der TCP-Verlagerung während einer Maschinenlast zu messen. Während der Messung kann keine Bearbeitung stattfinden und die Produktivität der Maschine sinkt. Dies ist eine wesentliche Ursache dafür, dass die Methode in der Praxis keine Anwendung findet.

Li et al. nutzen das Transfer-Learning, um die Anzahl der erforderlichen Messungen während der Maschinenhauptzeit zu reduzieren, indem sie in Maschinenpausenzeiten wie beispielsweise nach Schichtende oder die TCP-Verlagerung messen und ein Netz vortrainieren [LI20b]. Diese Daten stehen in großer Menge und ohne Produktivitätsverlust zur Verfügung. Anschließend wird das Netzwerk um zwei Fully Connected Layer ergänzt. Diese zwei Layer werden anschließend mit TCP-Verlagerungsdaten trainiert, welche während der Hauptzeit gemessen wurden. Mit dem angewendeten Verfahren konnte eine Berechnungsgüte von 95,9 % erreicht werden. Die Ergebnisse wurden jedoch nur an sehr einfachen Lastszenarien validiert.

Auch Zhang et al. verwenden in Ihrer Arbeit diesen Berechnungsansatz [ZHAN20]. In der Arbeit wird ein großer Datensatz herangezogen. Die TCP-Verlagerung wird 163 Tage im Ruhezustand der Maschine vermessen, 68 Tage bei konstanter Geschwindigkeit, 16 Tage bei variierender Geschwindigkeit und 22 Tage während der Fräsbearbeitung. Hierbei konnte eine Berechnungsgüte von 68,8 % erzielt werden.

Zhou et al. untersuchen den Modellübertrag zwischen zwei Achsen einer Werkzeugmaschine unter Zuhilfenahme des Transfer-Learnings [ZHOU23]. In der Arbeit wird der Positionierfehler einer Maschinenachse mithilfe eines Laserinterferometers gemessen und mit einem neuronalen Netz modelliert. Anschließend wird der Positionierfehler der weiteren Achsen gemessen und das neuronale Netz mithilfe des Transfer Learnings übertragen. Auch wenn der thermische Fehler der Achse vorhergesagt werden kann, ist die Motivation zur Verwendung des Transfer Learnings in diesem Fall infrage zu stellen. Es wurde weder ein Gewinn an Maschinenhauptzeit erzielt, noch wurde untersucht, ob sich Messzeit durch das Transfer-Learning einsparen lässt.

Zusammenfassend ist Transfer-Learning ein vielversprechender Ansatz zur Reduktion der Größe des Trainingsdatensatzes. Die Möglichkeiten des Transfer-Learnings in Bezug auf das thermo-elastische Maschinenverhalten sind jedoch bisher nicht vollumfänglich untersucht. Es kann nicht gesagt werden, wie groß die jeweiligen Datensätze beim Transfer zwischen den Anwendungsfällen mindestens sein müssen, um gesicherte Ergebnisse zu erzielen.

2.3.3 Modellausgangsdaten

Model output parameters

Gray- und Blackbox-Modelle werden in aller Regel mit einem gemessenen Datensatz aus Eingangs- und Ausgangsdaten parametriert bzw. trainiert. Der Ausgangsdatensatz ist dabei das thermo-elastische Maschinenverhalten. Im folgenden Abschnitt werden Methoden zur Erfassung des thermo-elastischen Maschinenverhaltens vorgestellt. Dabei wird zunächst eine Auswahl an etablierten Messsystemen aufgezeigt, welche im industriellen Kontext verwendet werden. Anschließend wird auf aktuelle und abgeschlossene Forschungsvorhaben eingegangen, welche in der Regel das Ziel haben, die Dauer der Messung zu verkürzen, die Genauigkeit der Messung zu erhöhen oder die Anzahl der messbaren Achsfehler zu erhöhen.

Die Messung des thermo-elastischen Maschinenfehlers ist in ISO 230-3 umfassen definiert [INTE07]. Zentrales Messmittel der Messung ist hierbei das ETVE-Messnest (engl.: Environmental Temperature Variation Error). Das Messnest und seine Verwendung in einer Werkzeugmaschine sind in Bild 2.12 links dargestellt.

Bei der Messung mithilfe des ETVE Messnests werden nicht die Achsfehler aus ISO 230-1 erfasst [DIN99], sondern die Superposition aller Achsfehler am Werkzeug. Mit dem ETVE-Messnest werden fünf der sechs Freiheitsgrade in einer Maschinenpose erfasst. Nicht erfasst wird der Rollfehler der Werkzeugachse. Das Gestell des Messnests wird aus einem Material hergestellt, welches sich bei Temperaturveränderungen nicht maßgeblich verformt (z. B. wie Stahl), um messsystemseitige Einflüsse zu reduzieren [SCHW08]. In dem Gestell sind digitale Messtaster montiert, welche den Messdorn während der Messung berühren.

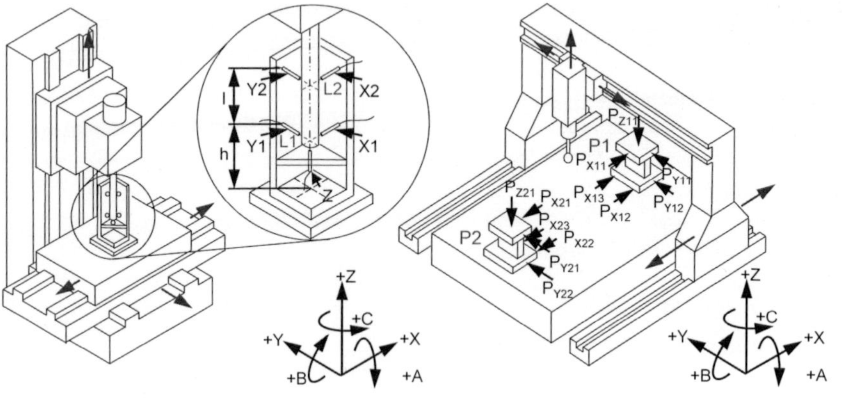

Bild 2.12: Messung des thermo-elastischen Maschinenfehlers mithilfe eines ETVE Messnests (links) und mithilfe eines Maschinentasters nach ISO 230-3 [INTE07]

Measurement of the thermo-elastic machine error using an ETVE nest (left) and a touch probe (right) according to ISO 230-3 [INTE07]

Ein Vorteil des Messsystems ist die hohe Messgeschwindigkeit und die kostengünstige Umsetzbarkeit bei gleichzeitig hoher Genauigkeit. Allerdings kann der Maschinenfehler nicht im laufenden Betrieb der Maschine, nur in einer Maschinenpose erfasst werden. Außerdem ist eine volumetrische Erfassung nur mit einem erhöhten messtechnischen Aufwand durch das Messen des TCP-Fehlers an verschiedenen Positionen im Arbeitsraum möglich. Das dargestellte Verfahren wird in der Fachliteratur zur Untersuchung des thermo-elastischen Maschinenverhaltens vielfach erfolgreich angewendet [MARE13], [HORE10], [ESS12], [KAUL22].

Das zweite Messverfahren (Bild 2.12 - rechts), das in ISO 230-3 definiert ist, verwendet einen Maschinentaster und Normale, die in der Maschine verbaut sind [INTE07]. Die Funktionsweise eines Maschinentasters ist in Bild 2.13 dargestellt.

Zum Messen des thermo-elastischen Fehlers wird der Messtaster gegen das im Arbeitsraum befestigte Normal gefahren. Der Messtaster wird bei der Berührung ausgelenkt, wodurch ein Triggersignal an die Maschinensteuerung gesendet wird. Bei Empfang des Triggersignals liest die Maschinensteuerung die aktuellen Positionen der direkten Wegmesssysteme aus. Auf diese Weise wird die Position des Normals erfasst. Somit werden auch bei diesem Messsystem nicht die Achsfehler gemessen, sondern zunächst nur ihre superponierte Auswirkung im Arbeitsraum.

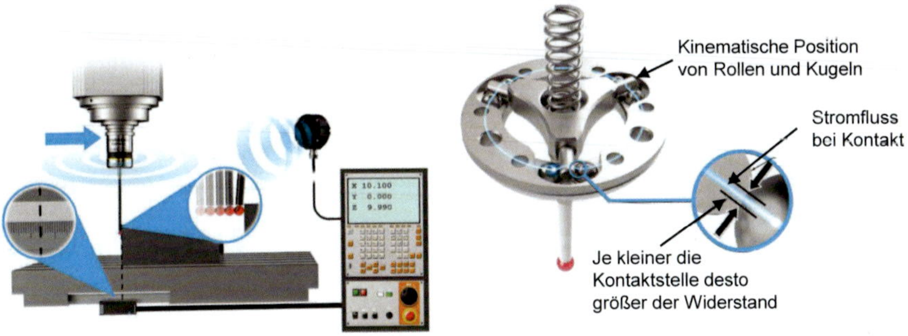

Bild 2.13: Funktionsweise eines Messtasters [RENI21], [BLUM21]
Operating principle of a touch probe [RENI21], [BLUM21]

Durch die Wahl von volumetrischen Normalen kann der thermo-elastische Fehler des Werkzeugs an verschiedenen Maschinenposen gemessen werden, wodurch der Maschinenfehler volumetrisch erfasst wird und auf einzelne Achsfehler zurückgerechnet werden kann [KEFE15]. Eine Übersicht der aktuell erforschten Methoden zur Messung des thermo-elastischen Fehlers mithilfe von Längennormalen ist in der Arbeit von Wennemer dargestellt und wird im Folgenden auszugsweise wiedergegeben [WENN18]. Die Normale sind in Bild 2.14 dargestellt.

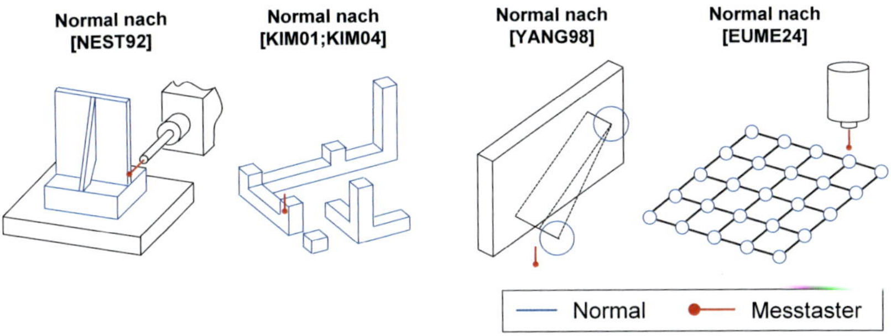

Bild 2.14: Verkörperte Normale [WENN18]
Machine tool measurement standards [WENN18]

Eine Methode zur Bestimmung der relativen Lage zweier Maschinenachsen zueinander wird von Nestmann beschrieben [NEST92]. Dabei wird ein temperaturstabiles Messnormal und ein Messtaster aus Invar (Werkstoffnummer 1.3912) eingesetzt. Invar ist der Name einer Eisen-Nickel-Legierung, welche bei Raumtemperatur nur einen geringen thermo-elastischen Wärmeausdehnungskoeffizienten aufweist. Durch die Verwendung analytischer Gleichungen können die relativen Lagebeziehungen aus den kartesischen Messwerten gewonnen werden. Positionier- und Geradheitsabweichungen werden in diesem Verfahren vernachlässigt. Bei den Versuchen von Nestmann bleibt es unklar, welche Messunsicherheit und -dauer zu erwarten ist.

Die Methode zur Antastung eines Referenznormals aus Invar wurde von Kim et al. erweitert. Dabei wird ein kinematisches Maschinenabbild genutzt, um die translatorische Verlagerung der Spindel und des Maschinentisches, den linearen Dehnungsanteil der translatorischen Achsen sowie die Rechtwinkligkeiten der Linearachsen zueinander zu bestimmen. Durch den Einsatz dieses Normals in einer Größe von 470 · 330 · 240 mm^3 können thermo-elastische Verlagerungen, gemessen in einer Raumdiagonale, erfasst und auf unter 10 µm reduziert werden. Die Messzeit beträgt dabei bis zu vier Minuten, was als hoch angesehen werden kann [KIM04].

In weiteren Methoden werden Kugelnormale eingesetzt, die aufgrund ihrer höheren Formgenauigkeit und Oberflächenqualität eine höhere Messgenauigkeit zulassen als gefräste Flächen. Die Kugeln weisen eine Formabweichung von weniger als 0,4 µm auf. Kugelnormale dienen als Prüfkörper zur Überprüfung der Genauigkeit und Präzision von Messgeräten. Sie bestehen aus einer perfekt kugelförmigen Oberfläche mit sehr engen Toleranzen. [SLOC92], [TRAP91], [TRAP06], [GOME13]

Bringmann et al. entwickeln ein ebenes Kugelnormalraster und positionieren es auf einem Maschinentisch in zwei Höhenlagen. Die Messung von volumetrischen Fehlern einer dreiaxigen Werkzeugmaschine ist mit diesem Kugelnormal möglich. Das Messvolumen beträgt 500 · 500 · 150 mm^3 und der Kugelabstand beträgt 100 mm. Die Messunsicherheit in der relativen Lagebestimmung der Messkugeln beträgt $\sigma_{k=2}$ = 5 µm. Die Verwendung von vielen Messstellen ermöglicht eine vollständige volumetrische Verlagerungsmessung. Allerdings ist das Verfahren nicht für thermo-elastische Verlagerungsmessungen geeignet, da die Messzeit von 45 Minuten bei Verwendung eines Starrkörpermodells für transiente thermo-elastische Verlagerungsmessungen zu lang ist. [BRIN05]

Neben dem beschriebenen Einsatz von verkörperten Normalen existieren in der Fachliteratur eine Vielzahl weiterer Verfahren zur Messung des thermo-elastischen Fehlers. Die Methoden unterscheiden sich wesentlich in ihrem Zeit- und Kostenaufwand, der Anzahl der messbaren Fehler und ihrer Messgenauigkeit. Tabelle 2.2 gibt eine Übersicht der Messmethoden sowie eine qualitativ vergleichende Einschätzung der Aufwende und Messergebnisse wieder.

Tabelle 2.2: Übersicht der Forschungsansätze zur Messung des thermo-elastischen Maschinenverhaltens

Overview of the research approaches on measuring the thermo-elastic machine behavior

Name des Messsystems	Vorgestellt durch	Kostenaufwand	Messzeit	Anzahl der messbaren Fehler	Messgenauigkeit	Verwendet durch
Double Ball Bar	[BRYA82]	+	++	--	+	[KNAP85], [HONG97]
Laser-TRACER	[HEXA19]	--	+	++	++	[WENN18], [HSU16]
Laser-tracker	[LAU87]	-	++	+	+	[JATZ11]
Lochplatte	[KUNZ93]	++	+	+	+	[KRUT94]
Laserinterferometer	[MICH87]	-	-	-	++	[MURA16], [CAST08]
3D-Kugelplatte	[BRIN07]	++	+	+	+	[BRIN07]
R-Test	[WEIK04]	-	-	+	++	[FLOR12]
Kreuzgitter	[BOYE15]	-	-	+	++	[BOYE15]

Alle vorgestellten Messsysteme haben Vor- und Nachteile. Ein Messsystem, das Kostenaufwand, Messzeit, Anzahl der messbaren Fehler und Messgenauigkeit gleichzeitig gute oder sehr gute Ergebnisse ermöglicht, liegt nicht vor. Daher ist es sinnvoll, das Messsystem abhängig von der jeweiligen Messaufgabe zu bewerten.

2.4 Anwendung von Korrekturmodellen in der Industrie

Application of correction models in the industry

Auch wenn es zahlreiche Forschungsaktivitäten zum thermo-elastischen Maschinenverhalten gibt, in denen verschiedene Modelle zur Modellierung des thermo-elastischen Verhaltens entwickelt werden, finden diese aktuell nur begrenzt Anwendung in der Industrie. Hersteller von Maschinensteuerungen bieten zwar in der Regel Optionen zur Korrektur des thermo-elastischen Verhaltens an, diese basieren jedoch auf einfachen Zusammenhängen zwischen der Temperatur und dem thermo-elastischen und können nicht das komplexe thermo-elastische Maschinenverhalten abbilden. Die Steuerungsoption der Siemens AG, welche ein weitverbreiteter Steuerungshersteller im internationalen Markt für Maschinensteuerungen ist, basiert auf dem linearisierten Zusammenhang zwischen der Temperatur und der thermo-elastischen Dehnung [SIEM11]. Konkurrierende große Steuerungshersteller wie Fanuc und Heidenhain haben ähnliche Ansätze zur Korrektur des thermo-elastischen Verhaltens [GARA12], [HEID21], [HEID90].

Zur Parametrierung der Korrektur wird eine Achse über ihre gesamte Länge konstant reversierend verfahren. Auf diese Weise wird die Achse gleichmäßig erwärmt. Während der Erwärmung wird die Temperatur am KGT der Achse sowie der Positionierfehler gemessen. Ein Beispiel für ein Ergebnis dieser Messung ist in Bild 2.15 dargestellt.

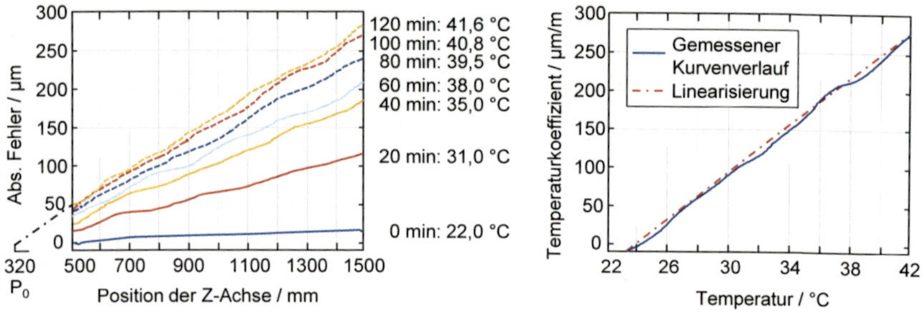

Bild 2.15: Beispielhaft ermittelte Fehlerkurve einer Werkzeugmaschinenachse und Ermittlung des TK-Koeffizienten [SIEM11].

Example of an error graph of a machine tool axis and identification of the TK coefficient [SIEM11]

Anhand der Messung wird der Schnittpunkt mit der Abszisse P_0 identifiziert. Anschließend wird die Veränderung der Steigung der Kurve in Abhängigkeit von der Temperatur ermittelt. Die ermittelte Funktion wird, wie in Formel 2.6 dargestellt, linearisiert [SIEM11].

$$m(T) = (T - T_0)\frac{TK_{max}}{T_{max} - T_0} \text{ mit} \tag{2.6}$$

m: Steigungsindex in Abhängigkeit der Temperatur

T: Aktuelle Temperatur

T_0: Temperatur, bei der der positionsabhängige Fehler = 0 ist

TK_{max}: Temperaturkoeffizient bei T_{max}

T_{max}: maximal gemessene Temperatur

Durch die Eingabe der Koeffizienten der Formel 2.6 sowie des Punktes P_0 in der Steuerung ist die Ausdehnung vollständig definiert und die Steuerung kann bei jeder gemessenen Temperatur T die Achsposition prozessparallel korrigieren. Bei dieser Korrektur wird das thermo-elastische Maschinenverhalten vereinfacht und somit ungenau abgebildet. Zunächst wird ausschließlich der Positionierfehler der Linearachsen korrigiert. Bei einer Maschine mit drei Linearachsen sind dies nur drei der 21 Fehlerparameter. Die weiteren 18 Fehler werden von der Korrektur nicht berücksichtigt. Weiterhin wird bei Belastungen, die nicht dem parametrierten Lastfall entsprechen, das thermo-elastische Verhalten nicht präzise abgebildet, da sich bei diesen Lasten ein signifikant anderes Temperaturfeld als bei den parametrierten Lasten ausbilden kann. Aufgrund dieser Vereinfachungen in dem beschriebenen Korrekturmodell kann der thermo-elastische Fehler daher nicht korrekt abgebildet werden und es kommt weiterhin zu Bearbeitungsfehlern am Werkstück.

2.5 Defizite im Stand der Forschung

Deficit in the state of research

Aufgrund seiner Bedeutung für die erreichbare Werkstückqualität ist das thermo-elastische Verhalten von Werkzeugmaschinen ein maßgebendes Thema für Industrie und Forschung. Insbesondere gibt es viele Forschungsansätze, die sich mit der Modellierung unter Zuhilfenahme von neuronalen Netzen befassen. Dieser Modellansatz zeigt in der Forschung gute Ergebnisse hinsichtlich der erreichbaren Werkstückqualität. Es gibt jedoch bislang keine Ansätze, die in der Industrie Anwendung gefunden haben und von Maschinenanwendern als Softwareoption beschafft werden können. In der Industrie wird daher zurzeit auf sehr einfache physikalische Zusammenhänge gebaut, welche das thermo-elastische Maschinenverhalten nur begrenzt abbilden.

Gründe für die mangelnde Anwendung der Modelle in der Industrie sind der große Aufwand bei der Parametrierung, die mangelnde Zuverlässigkeit oder die hohen Kosten. Diese Größen stellen in der Anwendung einen Zielkonflikt dar. Ein größerer Parametrierungsaufwand mit mehr und kostenintensiverer Messtechnik führt zu einer größeren Sicherheit bei der Parametrierung. Dem gegenüber stehen Modelle mit reduziertem Aufwand, welche oft nicht die Robustheit mitbringen, die ein Maschinenanwender erwartet. Ein Forschungsansatz, der einen geringen Parametrierungsaufwand, eine hohe Genauigkeit und eine hohe Robustheit miteinander vereint und somit für die industrielle Praxis Relevanz hat, ist in der Fachliteratur bisher nicht bekannt.

3 Zielsetzung, Aufgabenstellung und Vorgehensweise

Objective, problem definition and modus operandi

In dem vorangegangenen Kapitel „Stand der Forschung und Technik“ wurden die Grundlagen des thermo-elastischen Verhaltens von Werkzeugmaschinen dargestellt. Aufbauend hierauf wurden die aktuellen Forschungsansätze zur Korrektur der resultierenden Verlagerung am TCP diskutiert. Die Forschungsarbeiten im Themengebiet haben in der Regel das Ziel, den thermo-elastischen Maschinenfehler möglichst ganzheitlich und präzise zu modellieren und anschließend zu korrigieren.

Obwohl bereits zahlreiche Modelle existieren, die den thermo-elastischen Maschinenfehler mit Korrekturgüten von 60 % bis 90 % minimieren [GAO23], fehlt es bislang an einer industriell umsetzbaren Lösung. Der Blick auf die Anwendung dieser Lösungen zur Korrektur des Maschinenfehlers im industriellen Umfeld zeigt jedoch, dass die praktische Umsetzung ausbleibt. Dies deutet auf eine signifikante Forschungslücke hin, da die bestehenden Modelle entweder zu rechenaufwendig, kostenintensiv oder fehleranfällig sind. Dies wirft die Frage auf, wodurch dies begründet ist, oder anders formuliert, welche Anforderungen an ein System zur Korrektur herrschen, welches in der Industrie eingesetzt werden würde. Bild 3.1 gibt eine aus dem Stand der Forschung und Technik abgeleitete Übersicht über die Anforderungen an eine Korrektur wieder. Die Anforderungen sind entsprechend den Modellteilen in Anforderungen an die Eingangsdaten, das Modell und die Ausgangsdaten dargestellt.

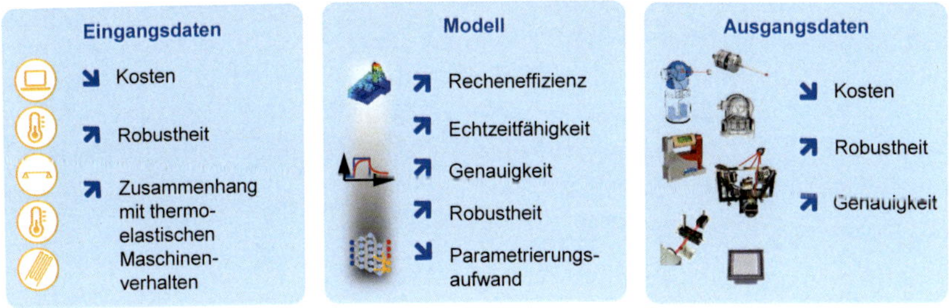

Bild 3.1: Anforderungen an ein System zur Korrektur des thermo-elastischen Maschinenfehlers für eine praxistaugliche Umsetzung

Requirements for a system to correct the thermo-elastic machine error for a practical implementation

Für die Erfassung der **Eingangsdaten** eines Modells zum thermo-elastischen Maschinenverhalten ist Sensorik notwendig. Diese Sensorik muss robust funktionieren und kostengünstig sein. Weiterhin ist es notwendig, dass die erfassten Eingangsdaten einen signifikanten Zusammenhang zu dem thermo-elastischen Maschinenfehler aufweisen und präzise erfassbar sind.

Das **Modell** muss recheneffizient sein, damit es auf kostengünstiger Hardware verwendet werden kann und in Echtzeit den thermo-elastischen Fehler berechnet. Weiterhin muss es präzise sein und der Parametrierungsaufwand des Modells muss gering sein.

Die Anforderungen an die **Ausgangsdaten** sind ähnlich wie die an die Eingangsdaten: Sie müssen kostengünstig erfassbar und präzise sein. Ein wesentlicher Faktor ist dabei, dass die direkte Messung des TCP-Fehlers immer die produktive Fertigung unterbricht, wodurch es zu einer Absenkung der Maschinenproduktivität kommt. Hieraus erwächst die Anforderung einer möglichst geringen Absenkung der Produktivität.

Ein Modellsystem, welches die genannten Anforderungen erfüllt, existiert bisher nicht. Auch wenn die Korrekturgüte der bislang eingesetzten Modelle meist ausreichend ist, sind die Modelle rechenaufwendig, kostenintensiv und / oder fehleranfällig, was ausschlaggebend dafür ist, dass diese Modelle in heutigen Steuerungen keine Anwendung finden.

Das Ziel dieser Arbeit ist das Schließen dieser skizzierten Forschungslücke. Erstmals wird ein Modell entwickelt, das ausschließlich auf maschineninternen Sensoren basiert und somit eine kosteneffiziente, robuste und echtzeitfähige Lösung für die Industrie darstellt. Dies bedeutet, dass das Modell schnell rechnend, kostengünstig und robust funktioniert. Um dies zu erreichen, ist es notwendig, auf teure, externe und fehleranfällige Sensorik zu verzichten und sich allein auf die internen Sensoren der Maschine zu stützen. Die internen Sensoren sind für die sichere Funktionsweise der Maschine von immanenter Bedeutung, da sie fehlerfrei arbeiten und robuste und genaue Daten liefern. Ziel der Arbeit ist die Beantwortung der Forschungsfrage, welche sich aus den oben genannten Anforderungen ergibt.

Forschungsfrage:

Kann die thermo-elastische TCP-Verlagerung von Werkzeugmaschinen ohne den Einsatz externer Sensorik mit einem geringen Parametrierungsaufwand robust und prozessparallel modelliert werden?

Als Eingangsdaten für das Modell werden in dieser Arbeit maschineninterne Daten verwendet. Die in der Fachliteratur präsentierten Forschungsergebnisse zeigen, dass diese Daten sich sehr gut für Modelle eignen, da sie eine hohe Robustheit und Genauigkeit aufweisen und kostengünstig messbar sind. Eine Unsicherheit bei der Verwendung dieser Daten erwächst jedoch aus dem angenommenen schwachen Zusammenhang der Daten zum thermo-elastischen Maschinenverhalten. Eine Ausnahme hierzu kann die im Stand der Technik eingeführte Encoderdifferenz bilden, welche einen direkten und signifikanten Zusammenhang zum thermo-elastischen Maschinenverhalten aufweist. Der Zusammenhang zwischen der Encoderdifferenz und dem thermo-elastischen Maschinenverhalten bzw. dem thermo-elastischen TCP-Fehler ist jedoch nicht erforscht. Zur Beantwortung der genannten Forschungsfrage wird erstmals der Zusammenhang zwischen der Encoderdifferenz und dem thermo-elastischen Maschinenverhalten eingehend analysiert. Hierzu wird die folgende, erste Forschungshypothese aufgestellt.

1. *Es gibt besonders gut geeignete maschineninterne Daten zur Berechnung des thermo-elastischen Maschinenfehlers, die einen direkten Zusammenhang zum thermo-elastischen Maschinenverhalten aufweisen.*

Da der Zusammenhang zwischen den maschineninternen Daten und der thermo-elastischen TCP-Verlagerung als komplex erwartet wird, werden KNN genutzt, um den Zusammenhang zum thermo-elastischen TCP-Fehler abzubilden. KNN haben sich zur Berechnung des thermo-elastischen Maschinenverhaltens nach dem Stand der Forschung als eine einfache und effiziente Berechnungsmethode hierfür herausgestellt. Die Anwendung von KNN zur Korrektur thermischer Verlagerungen bei Werkzeugmaschinen ist jedoch auch mit mehreren Herausforderungen verbunden. Dazu gehören die Erfassung und Qualität von großen, präzisen Datensätzen, die die komplexen thermischen Effekte und deren Einfluss auf die Maschinengeometrie abbilden müssen. Die Modellierung der thermischen Verlagerungen ist aufgrund der Vielzahl von Einflussfaktoren wie Temperatur, Maschinenstruktur und Wärmequellen anspruchsvoll. Zudem ist es schwierig, ein KNN so zu trainieren, dass es auf unbekannte Bedingungen generalisieren kann, und gleichzeitig ein Overfitting zu vermeiden. Weitere Herausforderungen bestehen in der Echtzeitfähigkeit und dem hohen Rechenaufwand, der für die automatische Anpassung während des Betriebs erforderlich ist, sowie in der Integration des Modells in bestehende Maschinensteuerungen.

Um sicherzustellen, dass das zu entwickelnde Korrektursystem im industriellen Kontext Anwendung finden kann, muss untersucht werden, inwiefern eine ökonomische, sinnvolle Erzeugung des Datensatzes möglich ist. Hierzu wird die folgende, zweite Forschungshypothese aufgestellt.

2. *Der Datensatz zum Training eines KNN zur Berechnung des thermo-elastischen Fehlers mit maschineninternen Daten kann ökonomisch sinnvoll prozessparallel erzeugt werden.*

Aus den dargelegten Anforderungen für ein Modell zur Maximierung der Anwendbarkeit in der industriellen Praxis und dem damit einhergehenden Verzicht auf umfangreiche Messdaten mit externer Sensorik könnte sich eine geringere Genauigkeit des Berechnungsergebnisses ergeben. Eine hohe Genauigkeit ist jedoch für eine industrienahe Anwendung von hoher Wichtigkeit. Es ist daher zu prüfen, ob das hier entwickelte

Modell eine geringere Vorhersagegüte aufweist als die Modelle im Stand der Forschung. Hierzu wird die folgende, dritte Forschungshypothese aufgestellt.

3. *Die Ergebnisqualität des KNN zur Berechnung des thermo-elastischen Fehlers auf Basis von maschineninternen Daten ist ausreichend, um in einem industriellen Einsatz eine Qualitätsverbesserung an Werkstücken zu erzielen.*

Durch die systematische Untersuchung der drei aufgestellten Forschungshypothesen leistet diese Arbeit einen wesentlichen Beitrag zur Überwindung bestehender Barrieren in der industriellen Umsetzung von Korrektursystemen für thermo-elastische Maschinenfehler.

Zur Beantwortung der Forschungsfrage und Prüfung der Forschungshypothesen werden Versuche an unterschiedlichen Demonstratoren durchgeführt. Hierzu werden zunächst im Kapitel 4 „Methodik und Versuchsaufbau“ die Randbedingungen der Versuche dargelegt. Dies umfasst eine Beschreibung der verwendeten Demonstratoren und eine Beschreibung der Datenerhebung. Aufbauend darauf wird in Kapitel 5 „Maschineninterne Daten in Bezug zum thermo-elastischen Maschinenverhalten“ die erste Forschungshypothese geprüft, indem untersucht wird, in welchem Zusammenhang die maschineninternen Messgrößen zum thermo-elastische Maschinenverhalten stehen. Danach wird in Kapitel 6 „Modellierung des thermo-elastischen Maschinenverhaltens mit KNN“ ein Modell erstellt, mit dem der thermo-elastischen TCP-Fehler berechnet wird. Anhand des Modells wird untersucht, wie eine optimale Erhebung des Trainingsdatensatzes im industriellen Kontext aussehen kann, um die zweite Forschungshypothese zu prüfen. Die dritte Forschungshypothese wird in Kapitel 7 „Validierung, Anwendung und Analyse“ untersucht, indem das Modell unter industriellen Randbedingungen angewendet wird. Die Arbeit wird zuletzt durch eine übergreifende Einordnung der Ergebnisse in den Stand der Forschung in Kapitel 8 „Zusammenfassung und Ausblick“ geschlossen.

4 Methodik und Versuchsaufbau

Methods and Measurement setup

Zunächst werden für die systematische Beantwortung der Forschungsfrage Demonstratoren ausgewählt, an denen die Versuche für diese Arbeit stattfinden (Abschnitt 4.1). Anschließend wird dargestellt, wie die NC-Signaldaten aufgezeichnet und vorverarbeitet werden, damit sie als Eingangsdatensatz im KNN fungieren können (Abschnitt 4.2). In Abschnitt 4.3 wird erläutert, wie die TCP-Verlagerung gemessen wird, welche den Ausgangsdatensatz des Modells bildet.

4.1 Auswahl der verwendeten Demonstratoren

Selection of the used demonstrators

Im Fokus der Forschungsfrage steht die Untersuchung eines Modells zum thermo-elastischen Maschinenverhalten. Insbesondere zum Validieren der in diesem Zusammenhang ersten aufgestellten Forschungshypothese sind zahlreiche ausgedehnte Versuchsreihen notwendig, die mit einer parallelen Fertigung nicht vereinbar sind. Daher wird als Demonstrator A eine Werkzeugmaschine im Forschungsumfeld gewählt, an der ausführliche Untersuchungen mit Messmitteln im Arbeitsraum durchgeführt werden können.

Im Kern der zweiten Forschungshypothese wird die ökonomisch sinnvolle, prozessparallele Erfassung der notwendigen Daten zum Erstellen eines Modells validiert. Dies ist nur unter industriellen Randbedingungen möglich. Nur mit einem Demonstrator, auf dem produktiv und dauerhaft Werkstücke gefertigt werden, ist es möglich zu prüfen, welche Hürden in einer solchen Produktion bei der Umsetzung entstehen. Aus diesem Grund wird als Demonstrator B eine Werkzeugmaschine gewählt, die sich in einem realen industriellen Produktionsumfeld eines Fertigungsbetriebs befindet. Am Demonstrator werden Einzelteile und Kleinserien mit geringer Stückzahl im Einschichtbetrieb hergestellt.

Das Transfer Learning kann sich gemäß dem vorgestellten Stand der Forschung eignen, um die Menge der benötigten Trainingsdaten zu reduzieren. Es eignet sich in der Regel besonders gut für Anwendungen, die eine hohe Ähnlichkeit aufweisen. Aus diesem Grund werden zwei Demonstratoren (D und E) gewählt, die eine hohe Ähnlichkeit zueinander aufweisen, um das Potenzial des Transfer Learnings im Kontext der Modellierung des thermo-elastischen Maschinenverhaltens zu überprüfen. Die Demonstratoren haben die gleiche Achsanordnung und unterscheiden sich nur in der Anzahl an Spindeln. Demonstrator D hat nur eine Hauptspindel, während Demonstrator E zwei Hauptspindeln besitzt, welche sich parallel bewegen. Beide Demonstratoren sind in Bild 4.2 skizziert.

In der dritten Forschungshypothese steht der reale Einsatz eines Modells zum thermo-elastischen Maschinenverhalten zur Qualitätsverbesserung von Werkstücken im Vordergrund. Um ein realistisches Bild der Verbesserung durch das entwickelte Modell zu erhalten, soll ein Testbauteil zur Prüfung der dritten Forschungshypothese gefertigt werden. Demonstratoren A und B sind für eine solche Fertigung nicht geeignet. Demonstrator A stand im Versuchszeitraum aufgrund fehlender Schutzeinrichtungen nicht für eine Fertigung zur Verfügung. An Demonstrator B findet eine industrielle Produktion des Projektpartners statt, der diese Produktion nicht für die Fertigung eines Testbauteils unterbricht. Daher wird Demonstrator C zur Validierung der Forschungshypothese gewählt. Auf dem 5-Achs-Bearbeitungszentrum findet eine Prototypenfertigung im Forschungsbetrieb statt. Dies hat den Vorteil, dass in den Prozess eingegriffen werden kann. Mit dem Demonstrator ist es möglich, Testbauteile zu fertigen, anhand derer eine Validierung des Modells stattfinden kann.

Bild 4.1 zeigt eine schematische Ansicht der Kinematiken aller verwendeten Demonstratoren.

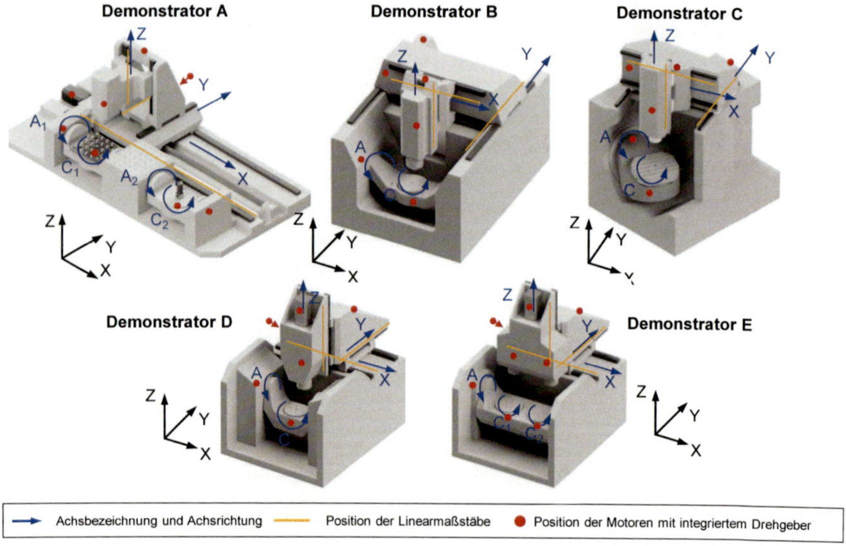

Bild 4.1: Kinematiken der verwendeten Demonstratoren
Kinematics of the used demonstrators

In dieser Arbeit wird keine externe oder zusätzliche Sensorik eingesetzt. Stattdessen wird das thermo-elastische Maschinenverhalten anhand maschineninterner Daten und deren abgeleiteter Größen modelliert. Zu diesen internen Sensoren gehören die Linearmaßstäbe sowie die Motoren mit ihren integrierten Temperatursensoren und Drehgebern. Aufgrund der zentralen Bedeutung dieser Sensorik für die Arbeit sind die Positionen der maschineninternen Sensoren in den Abbildungen entsprechend skizziert. Eine Übersicht der Spezifikationen der verwendeten Demonstratoren ist in Tabelle 9.1 gegeben

Tabelle 4.1: Spezifikationen der verwendeten Demonstratoren
Specifications of the used demonstrators

Demonstrator	Achskonfiguration	Achslänge (X/Y/Z) [mm]	Eilgang (X/Y/Z) [m/min]	Verwendungszweck in der Arbeit
A	CAFXYZ	2000 / 840 / 550	60 / 60 / 60	Validierung der ersten Forschungshypothese zum thermo-elastischen Maschinenverhalten durch ausführliche Untersuchungen im Laborumfeld mit Messmitteln im Arbeitsraum.
B	CAFYXZ	660 / 660 / 500	75 / 75 / 75	Validierung der zweiten Forschungshypothese zur ökonomischen, prozessparallelen Datenerfassung unter industriellen Randbedingungen in einer realen Produktionsumgebung für die Fertigung von Einzelteilen und Kleinserien.
C	CAFYXZ	800 / 650 / 550	40 / 40 / 40	Validierung der dritten Forschungshypothese zur Qualitätsverbesserung von Werkstücken durch ein Modell des thermo-elastischen Maschinenverhaltens, mit Prototypenfertigung und Prozessintervention im Forschungsbetrieb.
D	CAFXYZ	550 / 400 / 400	75 / 75 / 75	Untersuchung des Potenzials des Transfer-Learnings zur Reduzierung der benötigten Trainingsdaten bei der Modellierung des thermo-elastischen Maschinenverhaltens, mit hohem Ähnlichkeitsgrad der Maschinen, wobei Demonstrator D eine Hauptspindel und Demonstrator E zwei Hauptspindeln hat.
E	CAFXYZ	450 / 270 / 310	75 / 75 / 75	

4.2 Vorgehen zur Messung der Maschineninternen Daten

Procedure for measurement of machine internal data

Um den thermo-elastischen Maschinenfehler berechnen zu können, benötigt das in dieser Arbeit entwickelte KNN einen geeigneten Eingangsdatensatz. Hierfür bieten sich maschineninterne Daten an, da sie sich einfach und kostengünstig erfassen lassen, robust sind und eine enge Korrelation zum thermo-elastischen Verhalten der Maschine aufweisen.

Die maschineninternen Daten lassen sich in zwei Kategorien einteilen: Daten, die von der Steuerung als Führungsgrößen vorgegeben und Daten, die mithilfe von maschineninterner Sensorik als gemessene Größen in die Steuerung zurückgeführt werden [DIN96], [WELL19]. Die maschineninternen Daten werden in der Regel im Interpolations- oder Lageregeltakt überschrieben, wobei die Abtastfrequenz je nach Steuerungstyp zwischen 250 Hz und 1000 Hz liegt [SIEM13]. Durch das Überschreiben der Daten gehen sie verloren und bleiben ungenutzt. Bei den Bestrebungen, die häufig unter dem Überbegriff Industrie 4.0 zusammengefasst werden, geht es unter anderem darum, diese Daten verfügbar zu machen und zur Informationsgewinnung zu verwenden. Aufgrund dieser Bestrebungen werden von vielen Werkzeugmaschinenherstellern Schnittstellen zur Verfügung gestellt, welche eine Aufzeichnung der Daten ermöglichen [WELL19].

Im Rahmen dieser Arbeit werden die maschineninternen Daten via der Schnittstelle SINUMERIK Integrate Create MyHMI der Firma Siemens aufgezeichnet. Die genutzte Dateninfrastruktur ist in Bild 4.2 wiedergegeben.

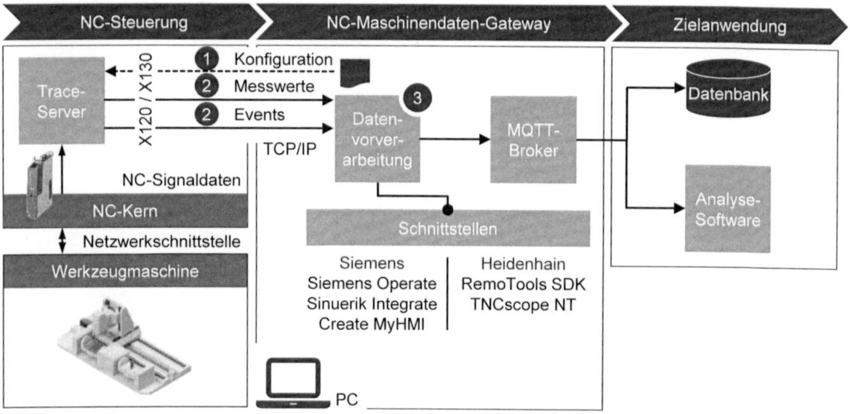

Bild 4.2: Infrastruktur zur Maschinendatenerfassung nach Wellmann [WELL19]
Infrastructure for Machine Data Acquisition according to Wellmann [WELL19]

Die Infrastruktur besteht aus vier Hauptkomponenten: der NC-Steuerung, dem NC-Maschinendaten-Gateway, dem MQTT-Broker und der Datenbank. Als Steuerungen können beliebige Maschinensteuerungen verwendet werden, bei denen der Steuerungshersteller eine entsprechende Schnittstelle anbietet. In der vorliegenden Arbeit wurden ausschließlich Demonstratoren mit der Steuerung SINUMERIK 840D SL der Firma Siemens verwendet. Bei diesem Steuerungstyp werden die Maschinenkomponenten mit einer Netzwerkschnittstelle (z. B.: Profibus) und mit zyklischen Vorgaben bei einer Taktfrequenz von 500 Hz angesteuert. Diese Ansteuerungsdaten sowie die zurückgesendeten Messdaten werden mit einem Traceserver ausgelesen. Der Traceserver wird so konfiguriert, dass er die erforderlichen Daten aufzeichnet. Das NC-Maschinendaten-Gateway wird über ein Ethernet-Kabel mit TCP/IP mit der NC-Steuerung verbunden. Bei der SINUMERIK 840D SL kann dies über die Schnittstelle X120 geschehen [SIEM24].

Der Traceserver für den Versuchsaufbau ist so konfiguriert, dass er mit Beginn des Hochfahrens der Maschinensteuerung Daten aufzeichnet und die Aufzeichnung erst beendet, wenn die Maschinensteuerung heruntergefahren wird. Während der Datenerfassung werden die Daten von der Steuerung an das NC-Maschinendaten-Gateway gesendet. Auf dem Gateway werden sie gepuffert und anschließend mittels TCP/IP an einen Zielrechner oder an einen MQTT-Broker gesendet. Für den Fall, dass Sie an einen Zielrechner gesendet werden, speichert dieser die Daten in Form von CSV-Dateien ab. Für den Fall, dass sie an einen MQTT-Broker gesendet werden, sendet dieser die Daten an eine Datenbank weiter, in der sie permanent gespeichert werden.

Typischerweise wird in der Fachliteratur zum thermo-elastischen Maschinenverhalten die Umgebungstemperatur ebenfalls aufgezeichnet, da sie ein signifikanter Einflussfaktor ist. In der vorliegenden Arbeit wird diese jedoch bewusst ausgeklammert, da ihre Erfassung mindestens einen zusätzlichen Temperatursensor erfordern würde. Dies würde aufgrund der Zielsetzung aus Kapitel 3 die Anwendbarkeit im industriellen Kontext einschränken. Der Verzicht auf diesen Sensor stellt somit eine nicht erfasste Einflussgröße auf das thermo-elastische Maschinenverhalten dar, was die Unsicherheit des Modells erhöht. Ein Ziel dieser Arbeit ist es, zu überprüfen, ob der Verzicht auf diesen Sensor zulässig ist bzw. durch die Messung und Verwendung anderer direkter Größen im Zusammenhang mit dem thermo-elastischen Maschinenverhalten, der Encoderdifferenz und den Temperatursensoren der Achsmotoren kompensiert werden kann.

Der Einsatz von KSS stellt einen weiteren, sehr komplexen Einflussfaktor auf das thermo-elastische Maschinenverhalten dar und wird in der Fachliteratur eingehend untersucht. In dieser Arbeit wird der Einfluss des KSS dadurch minimiert, dass er entweder sowohl im Training als auch bei der Validierung nicht verwendet wurde (Demonstratoren A, C, D und E) oder immer eingeschaltet war (Demonstrator B).

4.3 Methodik zur Messung der TCP-Verlagerung

Methodology for measurement of the TCP-Displacement

Zusätzlich zur Erfassung der maschineninternen Daten ist auch eine Messung der TCP-Verlagerung erforderlich, die als Ausgangsdaten für das KNN dient. Die gemessene TCP-Verlagerung wird genutzt, um das KNN vor seiner Anwendung zu trainieren und zu validieren. Während des späteren Einsatzes des KNN ist keine separate Messung der TCP-Verlagerung mehr nötig, da das Modell eigenständig auf Basis der maschineninternen Daten arbeiten kann.

Viele Werkzeugmaschinen haben einen Messtaster, der, wie in Abschnitt 2.3.3 beschrieben, nach ISO 230-3 [INTE07] verwendet werden kann, um den thermo-elastischen Fehler einer Werkzeugmaschine zu bestimmen. An Maschinen, die einen solchen Messtaster nicht haben, lässt dieser sich in aller Regel ohne großen Aufwand nachrüsten. Die Messung mit dem Messtaster ist kostengünstig, schnell, robust und präzise. Aus diesem Grund sind solche Messtaster sehr gut geeignet, um den Maschinenfehler für das in dieser Arbeit erstellte Modell zu erfassen.

Für die Messung wird ein Normal fest im Arbeitsraum der Maschine installiert. Durch ein wiederholtes Antasten des Normals wird seine thermo-elastische Verlagerung in Bezug auf das Werkzeug ermittelt. Da das Antasten ausschließlich im lastfreien Zustand durchgeführt wird, ist davon auszugehen, dass jegliche Bewegung des Normals auf eine thermo-elastische Verformung der Maschinenstruktur zurückzuführen ist. Die Wiederholgenauigkeit (2σ) von Messtastern ist tasterspezifisch und kann im Bereich von 1 µm liegen [RENI21]. Sie ist somit gemäß der goldenen Regel der Messtechnik, die besagt, dass der maximale Messfehler 10 % der zu prüfenden Toleranz betragen darf [BERN68], ausreichend zur Messung des thermo-elastischen Maschinenfehlers, welcher sich typischerweise im Bereich von über 10 µm befindet.

Es gibt eine Vielzahl von unterschiedlichen Normalen, welche kommerziell vertrieben werden. In dieser Forschungsarbeit werden Kalibrierkugeln verwendet. Aufgrund ihrer häufigen Verwendung im Kontext von Werkzeugmaschinen sind diese kostengünstig und weisen aufgrund ihrer runden Oberfläche kaum Haftpunkte für im Arbeitsraum befindliche Späne oder andere Verunreinigungen. An Demonstrator A wird für die Versuche eine Kugelplatte installiert. Die Kugelplatte wird in eine Dreipunktauflage gesetzt, welche die Platte aufnimmt, ohne die Plattenposition überzubestimmen. Der Aufbau der Platte in Demonstrator A ist in Bild 4.3 dargestellt.

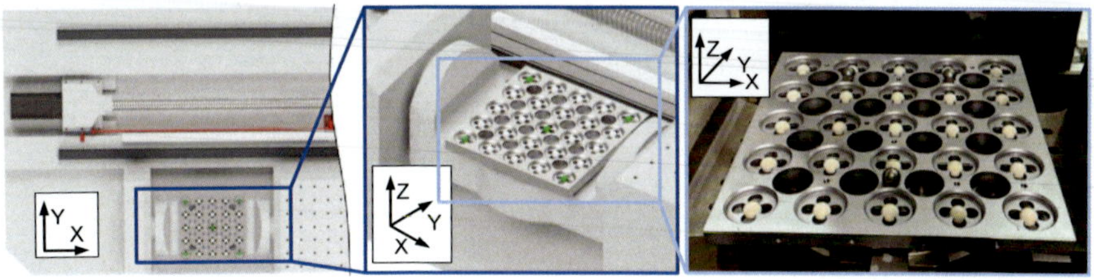

Bild 4.3: Position der Kugelplatte zur Erfassung des thermo-elastischen TCP-Fehlers an Demonstrator A

Position of the ball plate for the measurement of the thermo-elastic TCP error on demonstrator A

Die Vorrichtung umfasst 25 Kalibrierkugeln, die in einer Platte, welche aus einer Eisen-Nickel-Legierung besteht, gefasst sind. Die Legierung weist bei Umgebungstemperatur einen geringen Ausdehnungskoeffizienten auf, wodurch sie sich durch Temperaturveränderung nur in einem vernachlässigbaren Maße thermo-elastisch verformt. Es werden jeweils die vier Kugeln, die sich in den Ecken der Kugelplatte befinden, sowie die Kugel im Zentrum der Kugelplatte angetastet und zur Bestimmung des TCP-Fehlers verwendet. Hierbei wird die Kugel im Zentrum der Kugelplatte als Validierungsmessung verwendet.

Mit dem Messaufbau wird der TCP-Fehler in den Maschinenposen bestimmt, an denen die Kugeln angetastet werden. Befindet sich der TCP zwischen diesen vier Posen, wird der TCP-Fehler linear zwischen den Posen interpoliert. Eine solche Interpolation ist gemäß Wennemer zulässig, da sich die Maschinenfehler in einer Werkzeugmaschine näherungsweise linear mit der Maschinenpose verändern [WENN18]. Da auf Demonstrator A keine produktive Fertigung stattfindet, ist die Nutzung der Kugelplatte zulässig, welche eine Fertigung blockieren würde. An den Demonstratoren B und C werden Bauteile gefertigt. Daher werden an diesen Demonstratoren einzelne Kalibrierkugeln montiert, welche die Fertigung nicht beeinträchtigen. Die Position dieser Kugeln im Arbeitsraum ist in Bild 4.4 dargestellt.

Die Kalibrierkugeln an Demonstrator C sind in den T-Nuten des Tisches befestigt. Hierfür sind lange T-Nutensteine stirnseitig mit einem Gewinde versehen. In diese Gewinde werden einzelne Kalibrierkugeln geschraubt. Die T-Nutensteine werden mit Madenschrauben in den T-Nuten arretiert. Diese Art der Befestigung ist bei dem Demonstrator B nicht möglich. Hier befinden sich keine T-Nuten im Tisch. Weiterhin ist es eine Anforderung der Produktion bei diesem industrienahen Demonstrator, dass der Tisch vollständig frei bleibt, damit es eine maximale Flexibilität für die Fertigung gibt. Daher werden die Kalibrierkugel an Demonstrator B in der Schwinge der B-Achse installiert. Hier befinden sich Gewinde, in die Adapterstücke aus Invar eingebracht werden. Da Invar, wie in Abschnitt 2.3.3 beschrieben, bei Raumtemperatur nur einen geringen Dehnungskoeffizienten aufweist, können hierdurch temperaturbedingte Verformungen des Adapterstücks ausgeschlossen werden.

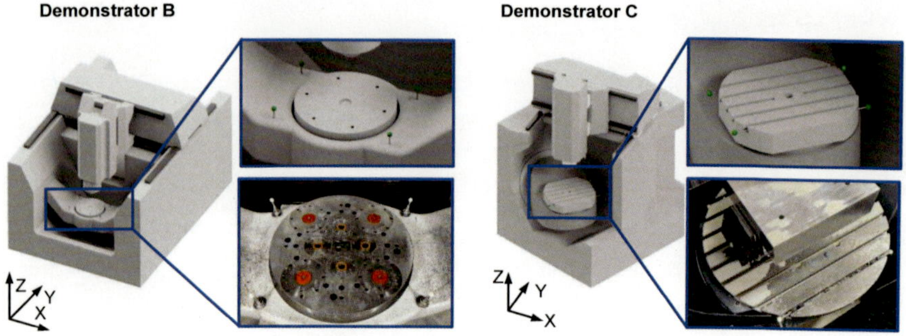

Bild 4.4: Position der Kalibrierkugeln zur Erfassung des thermo-elastischen TCP-Fehlers an Demonstrator B und C

Position of the calibration balls for the measurement of the thermo-elastic TCP error on demonstrators B and C

Das Ziel der Messung besteht darin, den thermo-elastischen Fehler der kinematischen Kette zwischen Werkzeug und Werkstück während der Bearbeitung zu erfassen. Werkzeugseitig kann die kinematische Kette nahezu vollständig erfasst werden, da der Messtaster direkt an der Position des Werkzeugs eingesetzt wird. Werkstückseitig ist es jedoch nicht möglich, die Kalibrierkugel an der Position des Werkstücks zu platzieren, da dies eine Bearbeitung des Werkstücks verhindern würde. Im Fall von Demonstrator B werden die Kalibrierkugeln an der Schwinge der C-Achse und im Fall von Demonstrator C am Maschinentisch der B-Achse befestigt. Dadurch bleibt das letzte Stück der kinematischen Kette unberücksichtigt. Bild 4.5 verdeutlicht diesen nicht messbaren Fehler anhand einer beispielhaften thermo-elastischen Verkippung des Maschinentisches bei Demonstrator B und Demonstrator C.

Die thermo-elastische Verformung der Maschinenstruktur zwischen der angetasteten Kugel und dem Werkstück ist mit den Messungen nicht abbildbar. An Demonstrator B betrifft dies den kompletten Maschinentisch mit der Tischachse. An Demonstrator C kann der Fehler der Tischachse mitgemessen werden. Nur eine Verformung der Tischplatte oder des Werkstücks selbst ist nicht erfassbar. Dies ist ein häufig auftretendes Problem von Modellen zur Beschreibung des thermo-elastischen Maschinenverhaltens. Es tritt unter anderem bei dem von Wennemer erstellten Modell auf [WENN18].

Zur Parametrierung des Modells werden bei Wennemer Messmittel mit einem Carbongestänge unter dem Maschinentisch befestigt, sodass jegliche Verformungen des Tisches nicht gemessen werden können.

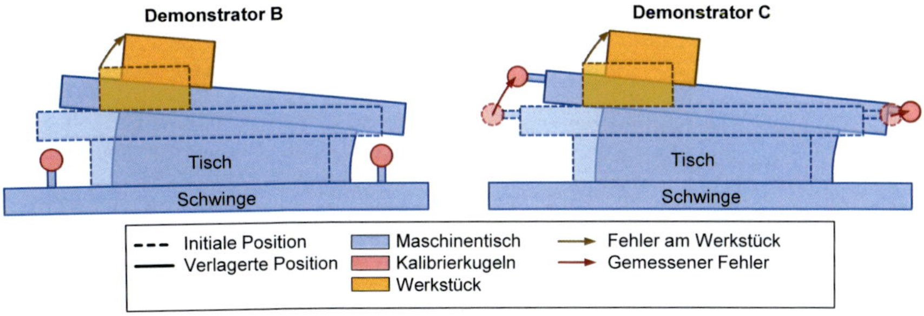

Bild 4.5: Skizze des durch den Messaufbau nicht abbildbaren Fehlers an den Demonstratoren B und C

Sketch of the not measurable error using the measurement setup of demonstrators B and C

Brecher et al. liefern in ihrem Ansatz eine Lösung für das Problem, indem sie das Messsystem mit einer schlanken Dreipunktauflage am Maschinentisch fixieren [BREC21b]. Auf diese Weise bestimmt er den thermo-elastischen Fehler an einem definierten Punkt des Maschinentisches, ähnlich zum Messaufbau an Demonstrator C. Auch wenn das Gestänge des Messsystems von Brecher et al. schlank konstruiert ist, hat es eine unzulässige Störung im Arbeitsraum zur Folge und geht mit einem erhöhten Kosten- und Arbeitsaufwand einher. Es wird hierbei darauf hingewiesen, dass die Störung im Arbeitsraum durch eine industrielle Einbringung des Systems in den Maschinentisch reduziert werden kann.

4.3.1 Vorgehen bei den Messungen an Demonstrator A

Methodology for measurements on demonstrator A

Zur Messung der TCP-Verlagerung werden an den Demonstratoren die Kugeln angetastet. Bei Demonstrator A, der sich im Forschungsbetrieb befindet, wird zusätzlich eine separate Messung der Encoderdifferenz durchgeführt. Die zusätzliche Messung verlängert die Messzeit. Die vollständige Messprozedur für Demonstrator A ist in Bild 4.6 abgebildet.

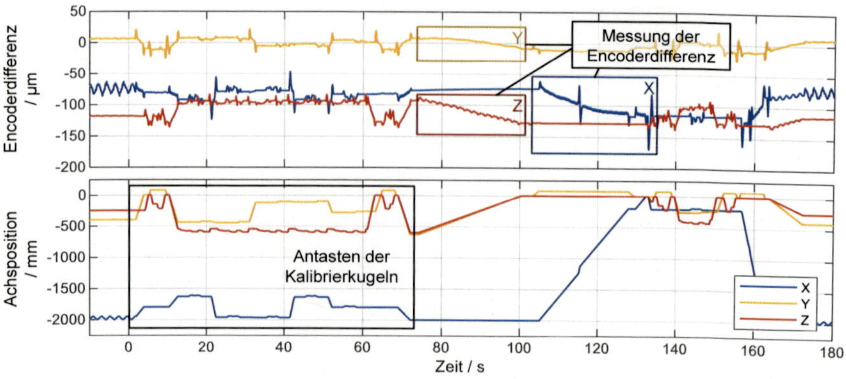

Bild 4.6: Messprozedur zur Messung der Kugelpositionen und der Encoderdifferenz an Demonstrator A

Measurement procedure for measurement of the calibration ball position and the encoder difference on demonstrator A

Zunächst werden die Kalibrierkugeln angetastet. Das Antasten der Kalibrierkugeln dauert 72 s. Nach dem Antasten der Kalibrierkugeln beginnt eine Konstantfahrt der Achsen über ihre gesamte Länge. Aufgrund des Maschinenaufbaus mit zwei Arbeitsräumen, die in X-Richtung nebeneinander angeordnet sind, ist es nicht möglich, alle drei Achsen gleichzeitig über ihre Gesamtlänge zu verfahren. Daher werden zunächst die Y- und Z-Achse gleichzeitig und anschließend die X-Achse über ihre Gesamtlänge verfahren.

Das Verfahren der drei Achsen dauert weitere 101 s, sodass sich eine Gesamtmesszeit von 173 s ergibt. Bei der Konstantfahrt der Achsen wird die Encoderdifferenz jeweils über die gesamte Achslänge erfasst. Durch eine Beschleunigung der Achse während der Messungen entstehen Kräfte in der Achse, welche zu einer Verformung der Komponenten und somit zu einer Verfälschung der Messung der Encoderdifferenz führen. Dies ist anhand der X-Achse gut zu erkennen. Durch den Arbeitsraumwechsel kommt es zu einer kurzzeitig erhöhten Geschwindigkeit, die durch das NC-Programm nicht beeinflusst werden kann. Hier beschleunigt die Achse, wodurch es zu einer kurzzeitigen Variation der Encoderdifferenz kommt. Dieses Verhalten ist beim Auftragen der Encoderdifferenz über die Achslänge gut zu erkennen und ist beispielhaft für eine Messung in Bild 4.7 dargestellt.

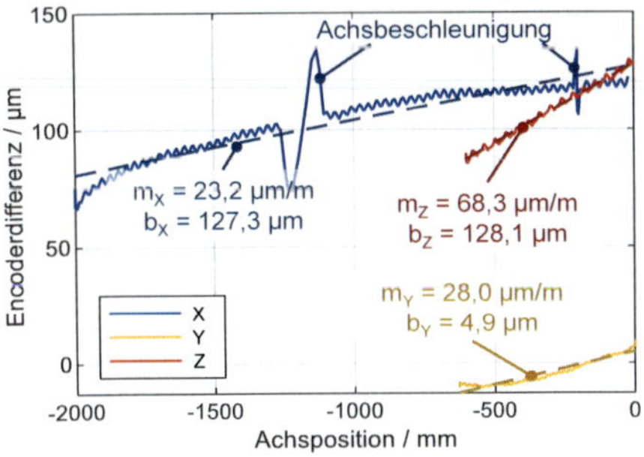

Bild 4.7: Encoderdifferenz abhängig von der Achsposition der Linearachsen von Demonstrator A anhand einer Beispielmessung

Encoder difference depending on the axis position of the linear axes of demonstrator A on an exemplary measurement

In dem Bild wird deutlich, dass die Achsbeschleunigung während des Verfahrens der X-Achse zu einer signifikanten Veränderung der Encoderdifferenz führt. Daher werden Bereiche, in denen eine Achsbeschleunigung vorliegt, nicht ausgewertet. Weiterhin ist zu sehen, dass sich die Encoderdifferenz über die Achsposition weitgehend linear verhält. Die Encoderdifferenz einer Achse kann somit durch die Bildung einer Regressionsgraden beschrieben werden.

Um die Methodik zur Beschreibung der Regressionsgeraden im zeitlichen Verlauf zu verdeutlichen, wird die Veränderung der Koeffizienten m und b der Regressionsgeraden bei der Erwärmung und Abkühlung von Demonstrator A untersucht. Hierfür wird die Y-Achse mit einer mittleren Geschwindigkeit von 5,9 m/min reversierend verfahren. Die anderen beiden Achsen bewegen sich nicht. Die Maschine wird auf diese Weise über eine Dauer von 12 h erwärmt. Anschließend wird auch die Y-Achse im Stillstand gehalten, sodass die Maschine abkühlt. In regelmäßigen Abständen von zehn Minuten worden alle Achsen über ihre komplette Achslänge verfahren und die positionsabhängige Encoderdifferenz ermittelt. Die Auswertung der positionsabhängigen Encoderdifferenz der Y-Achse während des Aufwärmens der Maschine ist in Bild 4.8 auf der linken Seite dargestellt. Hier ist zu sehen, dass sich vorwiegend die Steigung der Encoderdifferenz über die Achsposition verändert. Während des Aufwärmens der Maschine geschieht dies zunächst sehr schnell, bis die Encoderdifferenz konstant bleibt.

Auf der rechten Seite in Bild 4.8 sind die Koeffizienten m und b der positionsabhängigen Encoderdifferenz aller Linearachsen ausgewertet. Es wird deutlich, dass sich der Koeffizient m_Y am stärksten und am schnellsten verändert. Die entsprechenden Koeffizienten der Encoderdifferenz der X-Achse, m_X und b_X, sowie der Z-Achse, m_Z und b_Z, bleiben von der Belastung der Y-Achse weitestgehend unberührt. Dies ist klar darauf zurückzuführen, dass die Wärmeentwicklung überwiegend an der Y-Achse entsteht und die X- und Z-Achse somit nicht beeinflusst. Dies lässt die Schlussfolgerung zu, dass die Encoderdifferenz einen Rückschluss auf den thermo-elastischen Zustand der Maschine geben kann.

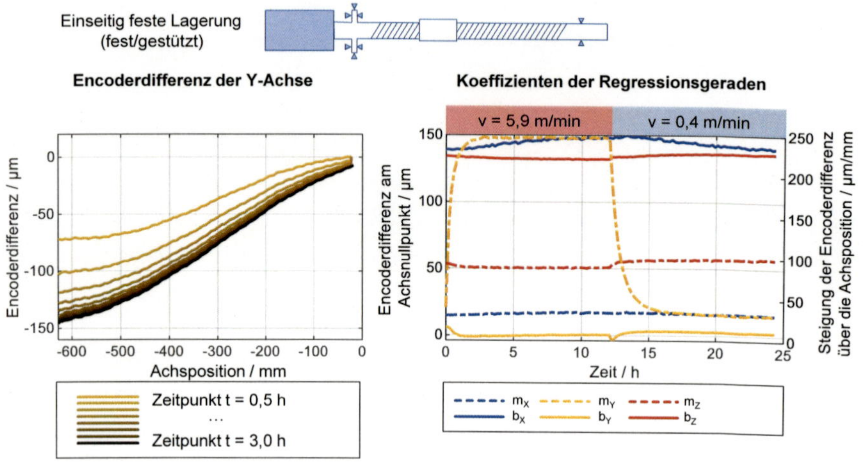

Bild 4.8: Zeitlicher Verlauf der Encoderdifferenz an Demonstrator A

Progress of the encoder difference over time on demonstrator A

4.3.2 Vorgehen bei den Messungen an Demonstrator B und C

Methodology for measurements on demonstrator B and C

Bei den Demonstratoren B und C, auf denen eine tatsächliche Fertigung stattfindet, ist die für Demonstrator A vorgestellte Auswertemethodik nicht praktikabel. Bei einer analogen Erfassung des Trainingsdatensatzes mit einer Messdauer von 173 s in einem Zehn-Minuten-Intervall entsteht ein Produktivitätsverlust von 28,8 %. Dies wird als zu hoch angesehen, um wirtschaftlich fertigen zu können, was im industriellen Betrieb inakzeptabel ist. Aus diesem Grund wird für diese beiden Demonstratoren ein alternatives Vorgehen zur Messung der Encoderdifferenz im lastfreien Zustand verwendet.

Nachdem das Training abgeschlossen ist, muss es mit einem Modell möglich sein, ohne weitere gesonderte Messfahrten den thermo-elastischen TCP-Fehler zu bestimmen. Der Fehler muss rein auf Basis der im Betrieb anfallenden Daten berechenbar sein. Daher ist es an diesen Demonstratoren notwendig, die Messungen der Encoderdifferenz bei laufendem Betrieb durchzuführen. Zur Extraktion der Encoderdifferenz in einem betrachteten Zeitraum ist es notwendig, Bereiche des Trace zu identifizieren, in denen eine Messung valide ist. Hierfür werden folgende Bereiche zur Ermittlung der Encoderdifferenz ausgeschlossen, welche auf Basis von Erfahrungswerten festgelegt werden:

- Achsmotorstrom > 2,5 A
- Achsgeschwindigkeit > 0,1 m / min
- Achsbeschleunigung > 2,8 · 10^{-3} g

Beim Überschreiten der definierten Schwellwerte kommt es zu Kräften, die auf die Achse wirken und die Messung der Encoderdifferenz beeinflussen. Abhängig davon, wie die Schwellwerte festgelegt werden, verändert sich das Ergebnis. Eine zu hohe Wahl der Schwellwerte führt dazu, dass auch verfälschte Messungen in das Modell eingehen. Bei einer zu geringen Wahl der Schwellwerte kann es sein, dass nicht genug Messwerte vorhanden sind, mit denen die Ausgleichsgerade mathematisch stabil bestimmt werden kann.

Die Extraktion der Encoderdifferenz aus dem Positionsverlauf einer Achse des Demonstrators B ist in Bild 4.9 dargestellt. In dem Bild ist jeweils die Encoderdifferenz für einen Zeitabschnitt von zehn Minuten aus der laufenden Produktion über die Achsposition dargestellt.

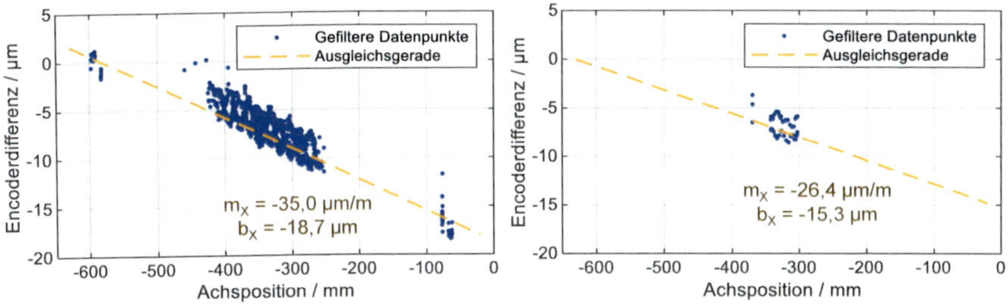

Bild 4.9: Extraktion der Encoderdifferenz am Beispiel von Demonstrator B
Extraction of the encoder difference, exemplary on demonstrator B

Im linken Bild ist der lineare Verlauf der Encoderdifferenz über die Achsposition gut zu erkennen. Es liegen ausreichend Datenpunkte vor, um eine stabile Ausgleichsgerade zu ermitteln. Im rechten Bild wird deutlich, dass nur wenige Datenpunkte vorliegen, mit denen eine Ausgleichsgerade gebildet werden kann, sodass die Ausgleichsgerade nur mit einer geringeren Robustheit erstellt werden kann. Ein Modell, welches die Encoderdifferenz als Eingangsvariable verwendet, muss daher auch mit Eingangsdaten der Encoderdifferenz mit höherer Unsicherheit umgehen können.

5 Maschineninterne Daten in Bezug zum thermo-elastischen Maschinenverhalten

Machine internal data with reference to the thermo-elastic machine behavior

Daten, die in direkter Beziehung zum thermo-elastischen Verhalten von Maschinen stehen, sind für die Berechnung von thermo-elastischen Fehlern besonders wertvoll. Sie ermöglichen eine präzisere Modellierung und Vorhersage dieser Einflüsse im Vergleich zu Daten, die nur indirekt mit dem thermo-elastischen Verhalten in Verbindung stehen. In diesem Kapitel wird daher der Zusammenhang zwischen maschineninternen Daten und dem thermo-elastischen Maschinenverhalten mithilfe einer Korrelationsanalyse untersucht. Weiterhin wird als Teil dieser Korrelationsanalyse analysiert, welche der in der Literatur bekannten maschineninternen Daten mit einem indirekten, verzögerten Zusammenhang zum thermo-elastischen Maschinenverhalten sich gut zur Modellierung des thermo-elastischen Maschinenverhaltens eignen. Bild 5.1 gibt eine Übersicht der Kapitelabschnitte anhand der thermo-elastischen Wirkungskette.

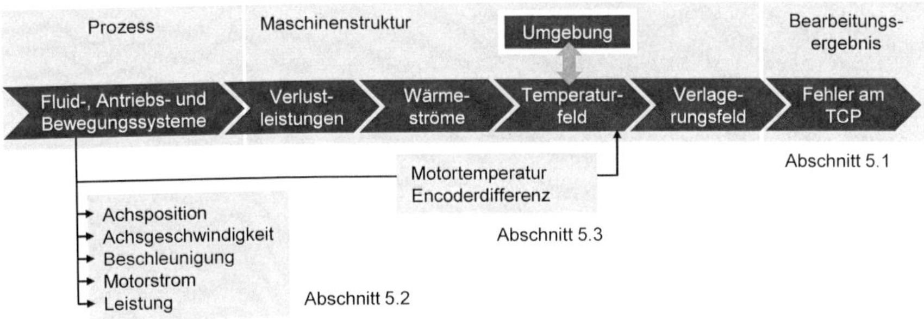

Bild 5.1: Übersicht Abschnitt 5
Overview Section 5

Zunächst wird in Abschnitt 5.1 auf die Messung der thermo-elastischen TCP-Verlagerung eingegangen. Anschließend wird in Abschnitt 5.2 die Korrelationsanalyse der maschineninternen Größen des Lageregelkreises zur TCP-Verlagerung vorgestellt und diskutiert. In Abschnitt 5.3 werden weitere Messgrößen diskutiert, welche nicht im Lageregelkreis verwendet werden. Zum Schluss des Kapitels, in Abschnitt 5.4, wird ein Zwischenfazit, insbesondere bezüglich der Überprüfung der Forschungshypothese, gezogen. Alle Messergebnisse, die in vorliegenden Kapitel 5 vorgestellt werden, erfolgen mit den in Kapitel 4 vorgestellten Methoden an Demonstrator A.

5.1 Vorgehen bei der Messung der thermo-elastischen TCP-Verlagerung

Methodology for measurement of the thermo-elastic TCP displacement

Zur Verifikation der Forschungshypothese werden Belastungsversuche an Demonstrator A durchgeführt. Die Maschine wird für einen Zeitraum von 12 h durch eine konstante reversierende Bewegung einer Maschinenachse bewegt (Aufwärmphase). Anschließend wird die Bewegung für weitere 12 h pausiert (Abkühlphase). Während des gesamten Versuchslaufs wird, wie in Abschnitt 4.3 beschrieben, die TCP-Verlagerung anhand von fünf Kalibrierkugeln in einem Intervall von zehn Minuten gemessen. Die Versuchsergebnisse für eine reversierende Bewegung der X-Achse sind in Bild 5.2 dargestellt.

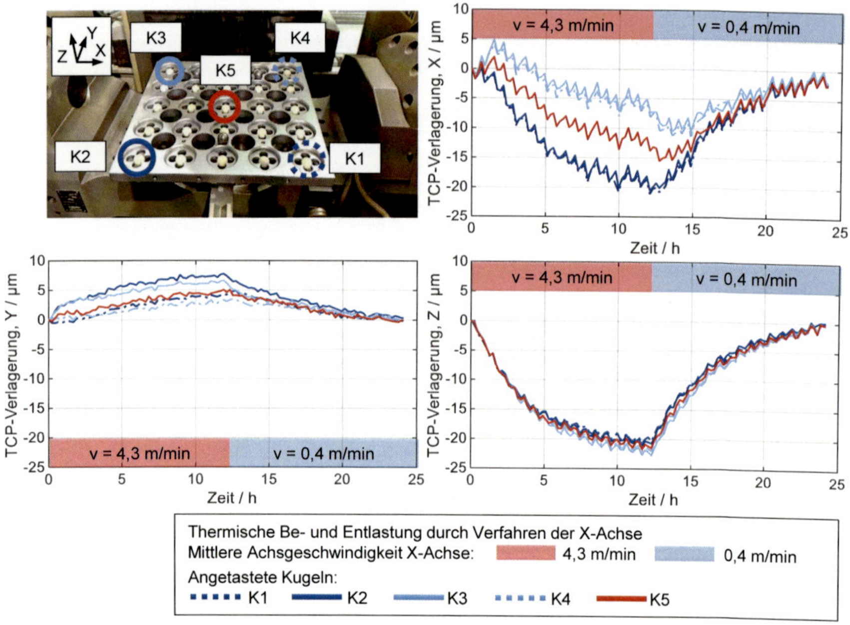

Bild 5.2: Thermo-elastischer Maschinenfehler beim Verfahren der X-Achse
Thermo-elastic machine tool error during X axis movement

Während der Aufwärmphase beträgt die mittlere Achsgeschwindigkeit der X-Achse 4,3 m/min. Während der Abkühlphase beträgt sie 0,4 m/min. Dass die mittlere Geschwindigkeit in der Abkühlphase nicht 0 m/min beträgt, ist erforderlich, da regelmäßige Messungen der TCP-Verlagerung durchzuführen sind, wofür eine Maschinenbewegung erforderlich ist.

Die TCP-Verlagerung nähert sich einem Verzögerungsverhalten erster Ordnung an. Die gemessene TCP-Verlagerung an den Kalibrierkugeln wird im nächsten Schritt in Achsfehler nach ISO 230-1 umgerechnet [DIN99]. Gemäß Wennemer lassen sich die Achsfehler nach ISO 230-1 mit einem geringerem Abbildungsfehler durch niederrangige Verzögerungsglieder beschreiben [WENN18]. Die Methodik zum Umrechnen des Fehlers geschieht in Anlehnung an Brecher gemäß Bild 5.3 [BREC20a].

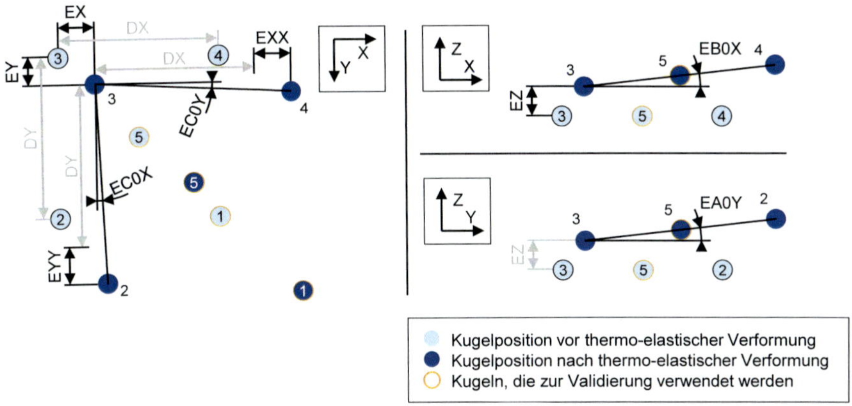

Bild 5.3: Berechnung der Achsfehler
Computation of axes errors

Im Bild sind die gemessenen Kugelpositionen vor und nach der thermo-elastischen Verformung der Werkzeugmaschine skizziert. Die Kugeln befinden sich auf einem thermo-stabilen Rahmen, sodass davon ausgegangen wird, dass die Kugeln sich in Referenz zum Maschinentisch nicht bewegen. Jegliche gemessene Verlagerung der Kugeln wird somit einer thermo-elastischen Verformung der Maschine zugeordnet. Die Kugelposition 3 wird als Referenzkugel (Nullposition) verwendet. Sie wird benutzt, um eine Verschiebung des gesamten Arbeitsraums durch eine thermo-elastische Maschinenverformung zu identifizieren. Es handelt sich somit um einen Offset des Arbeitsraums durch die thermo-elastische Verformung der Maschine. Diese Art von Offsetfehlern der TCP-Position wird abhängig von der Achsrichtung in dieser Arbeit EX, EY oder EZ benannt. Sie ist nicht in der ISO 230-1 definiert und findet daher in vielen Arbeiten keine Beachtung [DIN99]. Die Norm ISO 230-1 dient zur Identifikation der geometrischen Maschinenfehler. Bei der Messung der geometrischen Fehler einer Werkzeugmaschine ist eine absolute, statische Verlagerung des Arbeitsraums nicht relevant und hat keinen Einfluss auf die Bearbeitungsgüte, da sie lediglich die Lage des globalen Maschinenkoordinatensystems beeinflusst. Bezüglich einer Messung des thermo-elastischen Fehlers erhält diese absolute Verschiebung jedoch Relevanz dadurch, dass sie sich während der Bearbeitung eines Werkstücks verändert. Dies führt zu einem Bearbeitungsfehler, weshalb die Modellierung dieses Fehlers bei einer Betrachtung des thermo-elastischen Maschinenverhaltens unerlässlich ist.

In der Arbeit von Wennemer können die Fehler EX, EY und EZ nicht gemessen werden, da den verwendeten Lasertracern die inhärente Referenz fehlt, um diese Fehler zu bestimmen [WENN18]. Dehn et al. erweitern die Methode von Wennemer um eine Messung mithilfe von LVDT-Sensoren, wodurch der Offsetfehler gemessen werden kann [DEHN23]. In dieser Arbeit wird der Fehler ebenfalls gemessen und modelliert.

Analog hierzu wird ebenfalls nicht wie in ISO 230-1 beschrieben eine Gesamtverdrehung des Arbeitsraums ignoriert. Anstelle dessen werden alle mit den verwendeten Kalibrierkugeln ermittelbaren Winkelfehler der Maschine berechnet.

Die Winkelfehler sowie die Positionierfehler werden, wie in Bild 5.3 dargestellt, mithilfe der gemessenen Positionen der Kalibrierkugeln 2, 3 und 4 bestimmt. Alle auswertbaren Fehler sind im Folgenden aufgelistet:

- Offsetfehler: EX, EY, EZ
- Positionierfehler: EXX, EYY
- Winkelfehler: EC0X, EC0Y, EB0X, EA0Y

Geradheitsfehler sind mit dem beschriebenen Verfahren nicht messbar. Um Geradheitsfehler zu messen, müssten in den Achsrichtungen mehrere Kugeln in der jeweiligen Achsrichtung gemessen werden, was eine erhöhte Messdauer und somit einen größeren Produktivitätsverlust zur Folge hätte. Vorangegangene Untersuchungen haben gezeigt, dass die Geradheitsfehler an der Maschine für den thermo-elastischen Gesamtfehler nur eine untergeordnete und nicht ins Gewicht fallende Rolle spielen [SPIE24]. Sollten wider erwartend größere Geradheitsfehler auftreten, würde dies bei der Validierung auffallen, welche mithilfe der Kalibrierkugeln 1 und 5 durchgeführt wird, da dies zu einer größeren Abweichung führen würde. Diese Validierung wird weiter unten beschrieben und in Bild 5.4 dargestellt.

Auch können unter den gegebenen Bedingungen die Positionier- und Lagefehler der Z-Achse nicht gemessen werden. Es kann nur der absolute Fehler der Z-Achse gemessen werden. Eine Messung dieser Fehler würde einen Aufbau von Kalibrierkugeln in Z-Richtung erfordern, wodurch die Bewegungsfreiheit der Maschine eingeschränkt wird und Werkstücke nicht mehr gefertigt werden können. Mit einem solchen Aufbau verliert die Maschine daher im Praxiseinsatz an Funktionsumfang, wodurch die Lösung nicht praxistauglich ist. Im Rahmen dieser Arbeit wird daher einschränkend die Annahme getroffen, dass das Modellierungsverfahren nur auf flache oder kleine Bauteile angewendet wird, welche sich in der X-Y-Ebene auf Höhe der Kalibrierkugeln befinden.

Kalibrierkugeln 1 und 5 müssen nicht für die Berechnung der Achsfehler verwendet werden. Sie werden genutzt, um die berechneten Achsfehler zu validieren. In Bild 5.4 sind die Achsfehler, welche auf Basis der Messungen an den Kugeln 2, 3 und 4 berechnet werden, dargestellt. Die Achsfehler werden in der Maschinenpose an Kugelposition 1 superponiert, wodurch sich die translatorische Verlagerung an Kugelposition 1 ergibt. Diese berechnete translatorische Verlagerung an Kugelposition 1 ist der gemessenen Verlagerung an Kugelposition 1 gegenübergestellt. Weiterhin sind die gemessenen und berechneten Verlagerungen an Kugelposition 5 abgebildet.

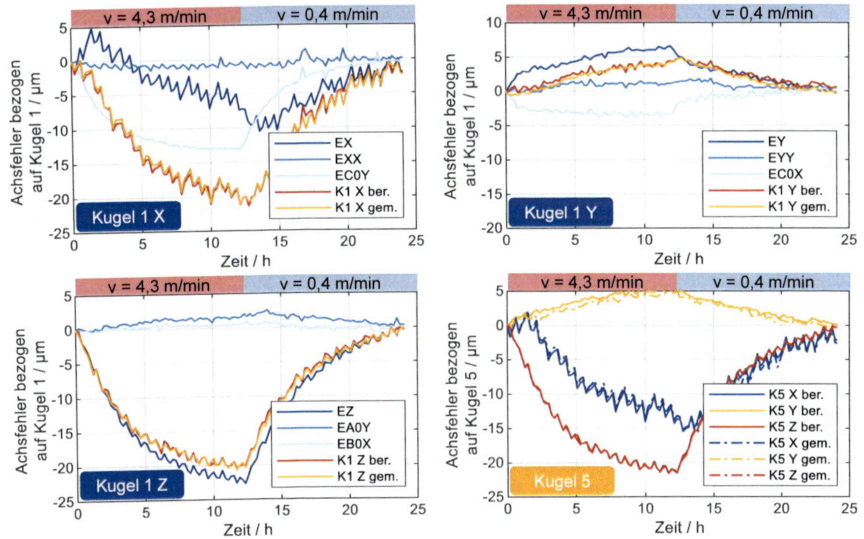

Bild 5.4: Thermo-elastischer Maschinenfehler beim Verfahren der X-Achse
Thermo-elastic machine tool error during X axis movement

Bei der Verlagerung an Kugel 1 in X-Richtung haben jeweils die Fehler EX und EC0Y einen signifikanten Anteil an der Gesamtverlagerung. Kleinwellige zeitliche Schwankungen an Kugelposition 1 können mit dem Verfahren abgebildet werden. Dies ist ein Beleg dafür, dass es sich nicht um Messrauschen, sondern um eine tatsächlich vorhandene Schwankung der TCP-Position handelt. Solche Schwankungen können durch periodisch betriebene Kühlsysteme oder andere periphere Maschineneinheiten entstehen. Die Verlagerung in Y-Richtung ist mit weniger als 5 µm als gering zu betrachten. Die Verlagerung in Z-Richtung wird zum größten Teil durch den Fehler EZ erzeugt. Hierdurch entsteht ein Fehler von 20 µm. Dies unterstreicht die Bedeutsamkeit dieser Fehlerkomponente.

Die Fehler an Kugel 5 lassen sich ebenfalls mit dem Verfahren berechnen. Das Verhalten ist hier ähnlich zu dem an Kugel 1, da der größte Fehleranteil jeweils durch die poseinvariante Gesamtverlagerungen EX, EY und EZ entsteht.

5.2 Analyse der maschineninternen Größen der Lageregelkreise

Analysis of the machine internal data of the position control loop

Zur Darstellung des Zusammenhangs zwischen den maschineninternen Größen des Lageregelkreises (detaillierte Darstellung des Lageregelkreises in Abschnitt 2.1 Bild 2.2) und der TCP-Verlagerung wird die mittlere Achsgeschwindigkeit und die mittlere Achsposition während der Aufwärmphase mithilfe des NC-Programms variiert. Dabei leiten sich die weiteren Größen des Lageregelkreises aus diesen Werten ab. Die Achsbeschleunigung hängt über Integration mit der Geschwindigkeit und der Achsposition zusammen. Die Stromstärke wiederum hängt mit der Achsbeschleunigung zusammen. Im Anhang in Tabelle 9.1 ist der Versuchsplan mit allen verwendeten Achsparametern dargestellt.

Bei den Versuchen wird jede Achse jeweils bei fünf verschiedenen Geschwindigkeiten reversierend verfahren. Weiterhin wird die mittlere Position, um die die Achse verfährt, je einmal in positive und negative Richtung um 200 mm geändert. Die Versuche werden jeweils zur gleichen Tageszeit gegen 10 Uhr gestartet, um die Vergleichbarkeit der Versuche unter Berücksichtigung der tageszyklischen Umgebungstemperaturschwankung zu erhöhen.

Wie in Kapitel 2 beschrieben, folgt das thermo-elastische Maschinenverhalten Verzögerungsgliedern erster Ordnung [ABEL07]. Für die Versuche wird jeweils der Verstärkungsfaktor ausgewertet. Dies ist der Wert, an den sich die TCP-Verlagerung bei konstanten Bedingungen annähert. In Bild 5.5 wird dargestellt, wie sich die Achsfehler in Abhängigkeit der Stromstärke und Achsposition bei variierender Bewegungsgeschwindigkeit der Y-Ache verhalten.

Von den dargestellten Zusammenhängen sind nur wenige signifikant. Die Fehler EX und EC0Y sind linear abhängig von der Stromstärke des Y-Motors. Es gibt keinen signifikanten Zusammenhang zwischen der mittleren Achsposition der Y-Achse und dem thermo-elastischen TCP-Fehler.

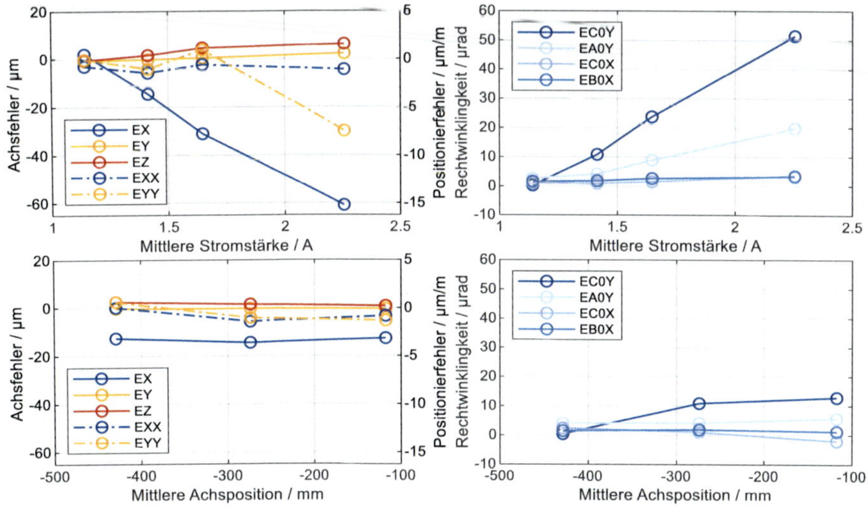

Bild 5.5: Thermo-elastischer Maschinenfehler bei Verfahren der Y-Achse in Abhängigkeit des mittleren Achsmotorstroms und der mittleren Achsposition

Thermo-elastic machine tool error during Y axis movement, depending on the mean motor current and the mean axis position

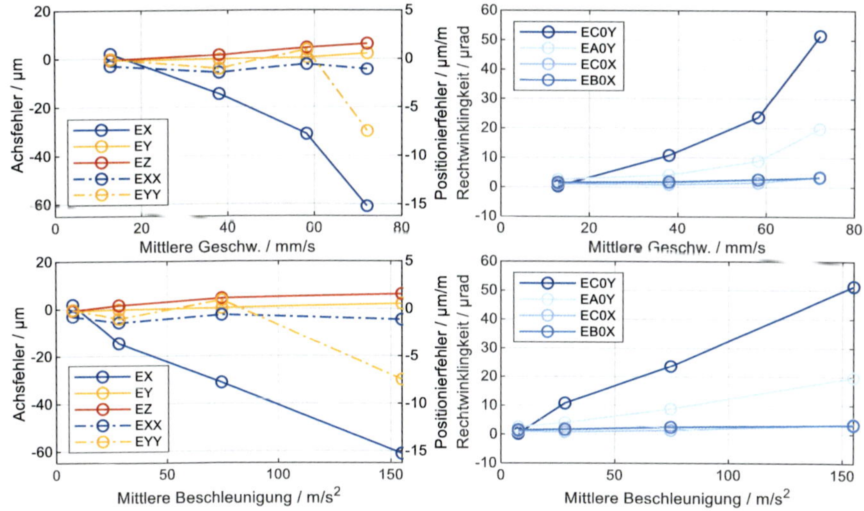

Bild 5.6: Thermo-elastischer Maschinenfehler bei Verfahren der Y-Achse in Abhängigkeit der mittleren Geschwindigkeit und der mittleren Beschleunigung

Thermo-elastic machine tool error during Y axis movement, depending on the mean axis speed and the mean axis acceleration

Die Abhängigkeiten zwischen den gemessenen Achsfehlern und der mittleren Geschwindigkeit sowie der mittleren Beschleunigung der Y-Achse weisen ein ähnliches Muster wie in Bild 5.5 veranschaulicht auf. Dies ist auf den Zusammenhang zwischen Position, Geschwindigkeit und Beschleunigung zurückzuführen.

Um zu untersuchen, welche maschineninternen Daten am relevantesten für ein Modell zur Berechnung der thermo-elastischen TCP-Verlagerung sind, sind zwei Bedingungen entscheidend. Die erste Bedingung ist, dass das maschineninterne Datum einen signifikanten Effekt auf die TCP-Verlagerung haben muss, was bedeutet, dass bei der Variation des Datums die TCP-Verlagerung ebenfalls variiert. Um dies zu prüfen, wird für alle Versuche die Differenz zwischen dem Achsfehler bei den Versuchen mit niedriger und hoher programmierter Geschwindigkeit gebildet. Um eine Vergleichbarkeit zwischen den Fehlertypen (bspw. Winkelfehler und translatorischer Fehler) herzustellen, wird als Vergleichswert jeweils die translatorische Auswirkung des Fehlers auf Kalibrierkugel 5 im Zentrum des Arbeitsraums berechnet. Die zweite Bedingung ist, dass es eine hohe Korrelation zwischen dem maschineninternen Datum und dem Achsfehler geben muss. Eine hohe Korrelation bestätigt, dass ein relevanter Zusammenhang besteht. Bei jedem Versuch wird die Korrelation dieses Zusammenhangs ausgewertet. Wie hoch die Korrelation sein muss, um sie als hoch einzustufen, ist gemäß Cohen vom konkreten betrachteten Fall abhängig. Sie solle jedoch deutlich über einem Korrelationskoeffizienten von 0,5 liegen [COHE88].

In Bild 5.7 werden die beiden Bedingungen graphisch dargestellt, indem die Fehlerauswirkungen an Kugel 5 und die Korrelation des Zusammenhangs dargestellt sind. In dem Bild werden die 15 Zusammenhänge mit den größten resultierenden Fehlerauswirkungen an Kugel 5 abgebildet. Zusammenhänge mit einer geringeren Fehlerauswirkung werden als nicht signifikant betrachtet und finden daher im weiteren Verlauf keine weitere Berücksichtigung. Redundante Achsfehler werden nicht mit dargestellt.

Die Motorströme der drei Linearachsmotoren weisen für die untersuchte Werkzeugmaschine einen signifikanten Zusammenhang zum thermo-elastischen Maschinenverhalten auf. Sie wirken sich auf den Offsetfehler EX und den Winkelfehler EC0Y aus, wodurch sich eine Verlagerung der TCP-Position von 12 bis 62 µm ergibt. Weiterhin weisen die quadrierte Geschwindigkeit der X- und Z-Achse, welche sich proportional zur Achsreibung verhält, sowie die Beschleunigung der Z-Achse einen signifikanten Zusammenhang zur Verlagerung an Kugel 5 auf. Eine Übertragbarkeit der dargestellten Versuchsergebnisse auf andere Maschinen ist nicht ohne weitere Untersuchungen möglich. Durch Unterschiede in der Achsanordnung und dem Achsaufbau ist davon auszugehen, dass die Ausprägung von thermo-elastischen Effekten zwischen den Maschinen sehr unterschiedlich ist.

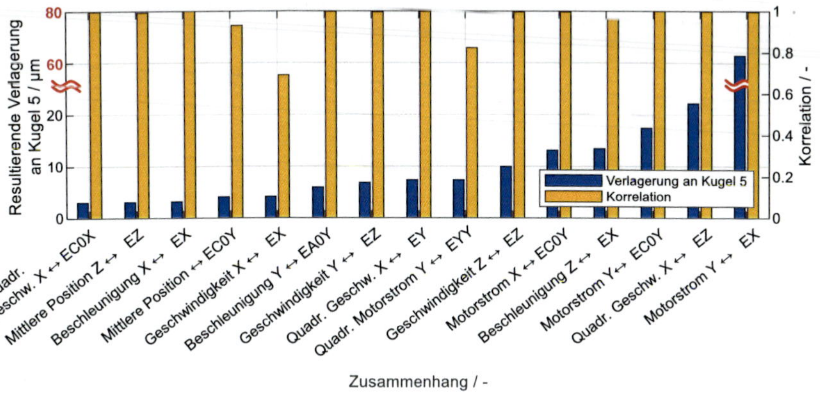

Bild 5.7: Korrelation und resultierende Verlagerung bei typischer Parametervariation an Kugel 5 für Zusammenhänge zwischen Parametern und TCP-Verlagerung

Correlation and resulting displacement for typical parameter variation at sphere 5 for correlations between parameters and TCP displacement

5.3 Analyse der maschineninternen Daten mit direktem Zusammenhang zum TCP-Fehler

Analysis of the machine internal data with direct relationship to the TCP error

Die bisher analysierten maschineninternen Daten weisen einen indirekten, verzögerten Zusammenhang zum thermo-elastischen Maschinenverhalten auf. Dieser indirekte Zusammenhang lässt sich schlechter modellieren als ein direkter Zusammenhang. Im folgenden Abschnitt werden maschineninterne Daten untersucht, welche eben diesen direkten Zusammenhang aufweisen.

Es gibt zwei Arten von maschineninternen Daten mit direktem Zusammenhang zum thermo-elastischen Maschinenverhalten, die im Stand der Technik nicht, bzw. nur selten zur Modellierung verwendet werden. Dies sind maschineninterne Temperatursensoren und die Encoderdifferenz.

Externe Temperatursensoren werden zwar, wie in Abschnitt 2.3.1 dargelegt, häufig zur Modellierung des thermo-elastischen Maschinenverhaltens genutzt, maschineninterne Temperatursensoren finden zur Korrektur jedoch nur wenig Beachtung. Maschineninterne Temperatursensoren sind aufgrund ihrer Position im Motor, in der Regel in unmittelbarer Nähe zur Motorwicklung, besonders zu betrachten. Die Motorwicklungen bilden eine der größten Wärmequellen der Maschine. Durch die Nähe der Sensoren zu den Wicklungen ergibt ein hohes Potenzial dieser Sensoren zur genauen Berechnung des thermo-elastischen Maschinenverhaltens.

Bild 5.8 zeigt die Encoderdifferenzen und die Achsmotortemperaturen während der Bewegung und des Stillstands der X-Achse gemeinsam mit der TCP-Verlagerung in die drei Achsrichtungen. Die Temperatur des Motors der Z-Achse ist hierbei schon zu Versuchsbeginn deutlich höher, da die Maschine zuvor für mehr als zwölf Stunden in Regelung gehalten wird und die Z-Achse, welche die horizontale Achse ist, keinen Gewichtsausgleich hat. Die Encoderdifferenz ist nahe dem Festlager (Encoderdifferenz -) und nahe dem Loslager der X-Achse (Encoderdifferenz +) ausgewertet und dargestellt.

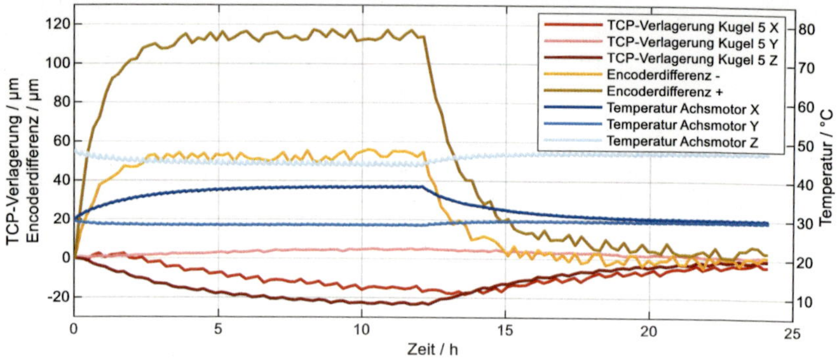

Bild 5.8: TCP-Verlagerung, Encoderdifferenz und Motortemperatur bei Bewegung und Stillstand der X-Achse

TCP-Displacement, encoder difference and Motor temperature during movement and standing of the X axis

Für alle abgebildeten Verläufe liegt ein niederrangiges Verzögerungsverhalten vor. Dies allein bestätigt jedoch noch keine Korrelation der Werte untereinander. Entscheidend für eine Korrelation ist, ob sich durch eine Vergrößerung der Eingangsdaten (maschineninterne Temperatur und Encoderdifferenz) ebenfalls eine linear abhängige Vergrößerung der Ausgangsdaten (TCP-Verlagerung) ergibt [ABEL07].

Analog zur Auswertung der Größen der Lageregelkreise aus Abschnitt 5.1 wird im Folgenden untersucht, wie die Verstärkungsfaktoren der Verzögerungselemente der Achsfehler mit der Encoderdifferenz und der Achstemperatur zusammenhängen. Dazu wird ebenfalls der Verstärkungsfaktor von Temperatur und Encoderdifferenz ausgewertet. Bild 5.9 zeigt diesen Zusammenhang für die Versuche zur Achsbewegung der Y-Achse. Dies inkludiert die Versuche, bei denen die Geschwindigkeit und die mittlere Position variiert wurden.

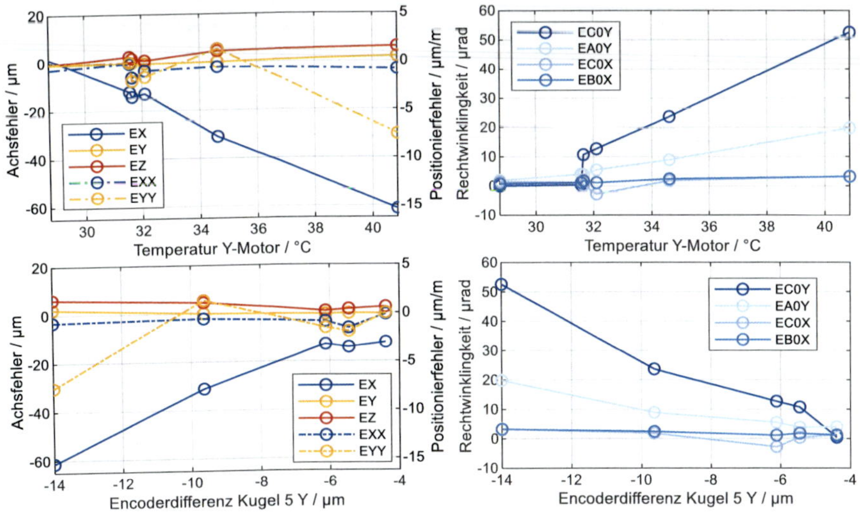

Bild 5.9: Thermo-elastischer Maschinenfehler bei Verfahren der Y-Achse
Thermo-elastic machine tool error during Y axis movement

Insbesondere die Fehler EX und EC0Y weisen ein ausgeprägtes lineares Verhalten abhängig von der Motortemperatur bzw. der Encoderdifferenz auf. Analog zu den maschineninternen Daten der Lageregelkreise werden in Bild 5.10 die Zusammenhänge zum thermo-elastischen TCP-Fehler, sortiert nach der resultierenden Verlagerung an Kugel 5, in Kombination mit dem zugehörigen Korrelationskoeffizienten dargestellt.

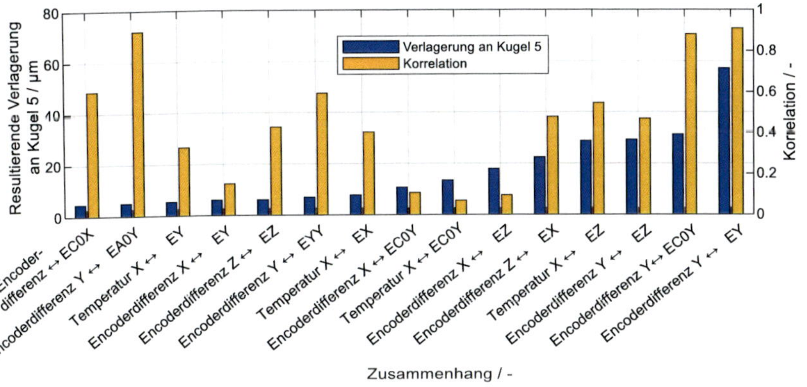

Bild 5.10: Korrelation und resultierende Verlagerung bei typischer Parametervariation an Kugel 5 für Zusammenhänge zwischen Parametern und TCP-Verlagerung
Correlation and resulting displacement for typical parameter variation at sphere 5 for correlations between parameters and TCP displacement

Das Bild zeigt, dass sowohl die Temperatur als auch die Encoderdifferenz für die untersuchten Lastfälle einen starken Zusammenhang zueinander aufweisen. Primär die Encoderdifferenz der Y-Achse ist hier hervorzuheben, welche sowohl mit dem Offsetfehler EY, als auch mit dem Winkelfehler EC0Y hohe Korrelation aufweist.

5.4 Zwischenfazit zu Kapitel 5

Interim summary for chapter 5

Die maschineninternen Daten des Lageregelkreises zeigen den typischen Verlauf von niederrangigen Verzögerungselementen, die in der Fachliteratur dokumentiert sind. Ergänzend zur Fachliteratur zeigt sich jedoch, dass für die untersuchte Maschine nicht die Achsgeschwindigkeit [WENN18] die entscheidende Größe für das thermo-elastische Verhalten ist. Die maschineninterne Größe mit dem stärksten Zusammenhang zum thermo-elastischen Maschinenverhalten an dem untersuchten Demonstrator A ist der Achsmotorstrom. Der Achsmotorstrom weist bei der untersuchten Maschine den signifikantesten Zusammenhang und eine höhere Korrelation zur TCP-Verlagerung auf, als die anderen untersuchten maschineninternen Größen.

Darüber hinaus wurden maschineninterne Größen identifiziert, welche einen direkten Zusammenhang zum thermo-elastischen Maschinenverhalten aufweisen. Dies trifft auf die Temperatur der Achsmotoren und die Encoderdifferenz der Achsen zu. An dem untersuchten Demonstrator konnten für beide Größen Maschinenfehler nachgewiesen werden, welche über das gesamte untersuchte Versuchsspektrum eine hohe Korrelation mit dem TCP-Fehler aufweisen. Hervorzuheben ist hierbei die hohe Korrelation der Encoderdifferenz der Y-Achse zu den Achsfehlern EC0Y und EY.

In Kapitel 3 wurde folgende Forschungshypothese aufgestellt:

Es gibt besonders gut geeignete maschineninterne Daten zur Berechnung des thermo-elastischen Maschinenfehlers, die einen direkten Zusammenhang zum thermo-elastischen Maschinenverhalten aufweisen.

Auf Grundlage der in Kapitel 5 vorgestellten Versuchsergebnisse kann die Forschungshypothese verifiziert werden. Es gibt maschineninterne Daten, die sich besonders gut eignen, um den thermo-elastischen Maschinenfehler zu berechnen, da sie in einem besonders engen Zusammenhang zum TCP-Fehler stehen. Die Achsmotortemperatur und die Encoderdifferenz sind hier besonders hervorzuheben. Sie weisen einen direkten Zusammenhang zum thermo-elastischen Maschinenverhalten auf. Diese maschineninternen Daten können verwendet werden, um das thermo-elastische Maschinenverhalten zu berechnen und so eine fundierte Ergänzung zu den Modellen der Fachliteratur zu bieten. Im folgenden Kapitel 6 wird ein solches Modell auf Basis von KNN entwickelt und zur Berechnung der TCP-Verlagerung angewendet.

6 Modellierung des thermo-elastischen Maschinenverhaltens mit KNN

Modeling the thermo-elastic machine behavior using ANN

Auf der Grundlage der in Kapitel 5 untersuchten Zusammenhänge zwischen den maschineninternen Größen und dem thermo-elastischen Maschinenverhalten wird in Kapitel 6 systematisch ein Modell zur Berechnung dieses Verhaltens entwickelt. Eine Übersicht über die Struktur des Kapitels, das der Überprüfung der Forschungshypothese dient, ist in Bild 6.1 dargestellt.

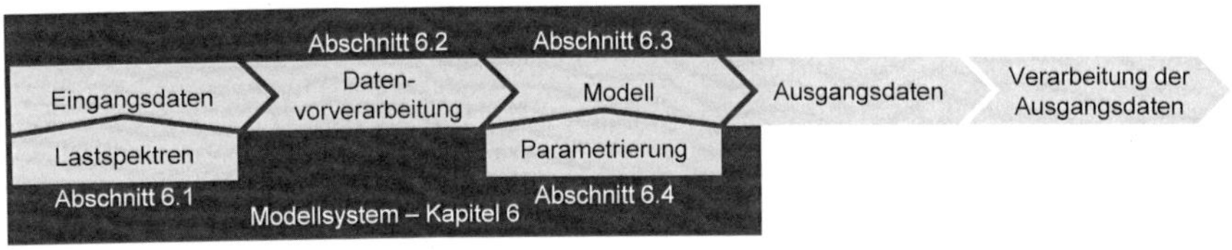

Bild 6.1: Übersicht Abschnitt 6
Overview Section 6

Eine zentrale Komponente zur Modellierung der Zusammenhänge mit KNN ist der Fokus auf der Auswahl geeigneter Daten für das Modelltraining. Die Qualität der Trainingsdaten beeinflusst maßgeblich das Verhalten des Modells. In Abschnitt 6.1 wird daher zunächst definiert, welche thermischen Lasten in den folgenden Untersuchungen auf die Demonstratoren angewendet werden, um den Trainingsdatensatz zu erzeugen. Anschließend wird in Abschnitt 6.2 diskutiert, wie die Daten für das Modell aufbereitet werden, um den thermo-elastischen Maschinenfehler bestmöglich zu bestimmen. Daraufhin wird definiert, welcher Modelltyp zu verwenden ist, um den thermo-elastischen Maschinenfehler zu bestimmen (Abschnitt 6.3). Die Länge und der Umfang des benötigten Parametrierungsdatensatzes sind für die industrielle Nutzbarkeit des Modells von großer Relevanz. In Abschnitt 6.4 wird untersucht, wie umfangreich ein Trainingsdatensatz sein muss, um den thermo-elastischen Fehler einer Werkzeugmaschine zu berechnen und ob die Trainingsdatensatzlänge mithilfe des Transfer-Learnings reduziert werden kann.

In der Fachliteratur existiert bereits eine Vielzahl von Arbeiten, die sich mit der Entwicklung und Analyse von KNN zur Korrektur des thermoelastischen Maschinenverhaltens befassen. Im Gegensatz zu diesen bisherigen Studien liegt der Fokus des folgenden Kapitels auf einer detaillierten Analyse der Eingangsdaten für das KNN. In der bestehenden Literatur sind zentrale Fragen zur Anwendung von KNN für Modelle zur Korrektur des thermoelastischen Maschinenverhaltens noch unbeantwortet. Insbesondere ist unklar, wie sich die Auswahl der Eingangsdaten oder die Länge des Trainingsdatensatzes auf das Berechnungsergebnis auswirken.

6.1 Lastspektren der Demonstratoren zur Modellparametrierung

Load scenarios on the demonstrators for model parametrization

Modelle zur Berechnung des thermo-elastischen Maschinenverhaltens werden durch einen Trainingsdatensatz parametriert. Die Randbedingungen, unter denen ein Trainingsdatensatz erzeugt wird, bestimmen maßgeblich die Präzision des Berechnungsergebnisses in der späteren Anwendung. Für die drei in dieser Untersuchung herangezogenen Demonstratoren werden bei der Messung des Trainingsdatensatzes unterschiedliche Lastspektren erzeugt. Die Lastspektren werden im Folgenden beschrieben.

Demonstrator A

An Demonstrator A wird der Trainingsdatensatz erzeugt, indem die Maschine im Luftschnitt verfahren wird. Ziel ist, dass der Trainingsdatensatz realitätsnah ist. Daher werden im Luftschnitt Konturen gefahren, die typischerweise bei der Bearbeitung von Werkstücken auftreten. Die verwendeten Konturen sind in Bild 6.2 dargestellt.

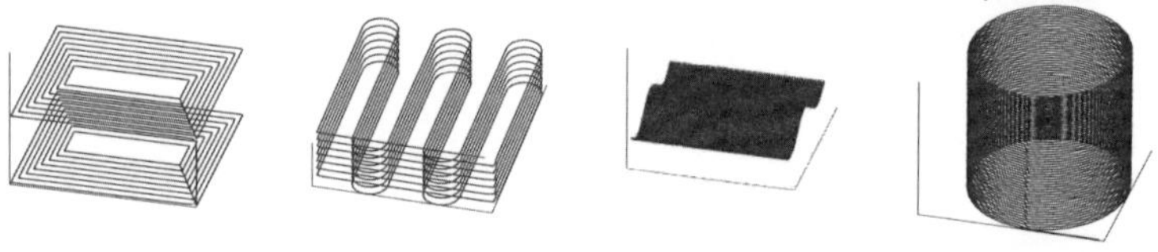

	Taschenfräsen	Planfräsen	Freiformfräsen	Spiralfräsen
Breite / mm	200 - 400	200 - 400	20 - 100	20 - 100
Länge / mm	200 - 400	200 - 400	200 - 400	20 - 100
Höhe / mm	20 - 100	20 - 100	1,11 - 11,19	50 - 200
Ebenen-abstand / mm	5	5	-	2

Bild 6.2: Konturen zur Erzeugung des Trainingsdatensatzes an Demonstrator A

Features for the gathering of training data on demonstrator A

Ähnlich wie bei einer tatsächlichen Produktion werden die Features in verschiedenen Größen und an verschiedenen Positionen im Arbeitsraum gefertigt. Um dies zu ermöglichen, werden die Größe und Position der Features innerhalb der in Bild 6.2 definierten Grenzen nach dem Zufallsprinzip festgelegt. Das gleiche Zufallsprinzip wird für die Geschwindigkeit angewendet, welche einen maximalen Wert von 10 m/min annehmen kann. Die Maschine wird nur tagsüber verfahren, wodurch eine Schichtfertigung nachgestellt wird.

Die gemessene TCP-Verlagerung des erzeugten Trainingsdatensatzes von 24 Tagen für Demonstrator A ist in Bild 6.3 dargestellt.

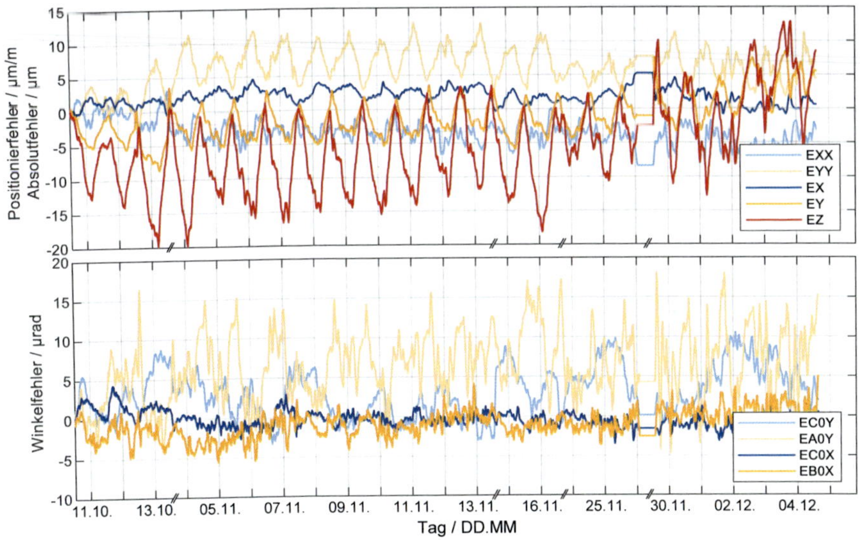

Bild 6.3: Gemessene TCP-Verlagerung an Demonstrator A
Measured TCP-Displacement on Demonstrator A

Demonstrator B

An Demonstrator B findet eine reale Produktion statt. Aus diesem Grund kann kein Einfluss auf die Bewegungsabläufe der Maschine genommen werden. Auf der Maschine werden überwiegend kleinere Bauteile mit einer Bearbeitungszeit von 40 bis 60 Minuten gefertigt. Während der Fertigung kann keine Messung der thermo-elastischen TCP-Verlagerung durchgeführt werden. Die Messung der TCP-Verlagerung wird daher nach der Fertigstellung eines Bauteils durchgeführt. Auf der zur Verfügung stehenden Maschine wird überwiegend im Einschichtbetrieb gefertigt, sodass acht Stunden am Tag Messungen möglich sind. Nach Schichtende wird die Maschine ausgeschaltet und es können keine Messungen an der Maschine durchgeführt werden. Zu Schichtbeginn am nächsten Tag wird die Maschine wieder in Betrieb genommen und die thermo-elastische Verlagerung genullt. Der Datensatz erstreckt sich über 13 Arbeitstage.

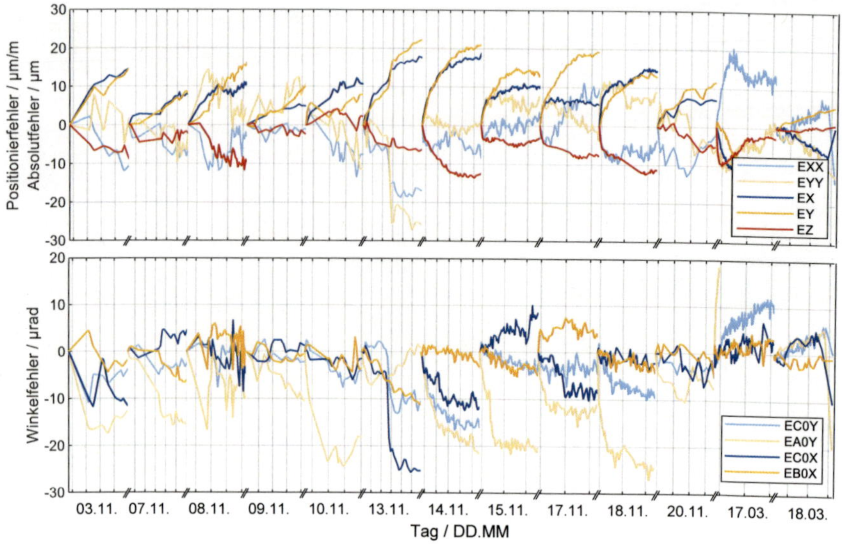

Bild 6.4: Gemessene TCP-Verlagerung an Demonstrator B
Measured TCP-Displacement on Demonstrator B

Das thermo-elastische Verhalten von Demonstrator B variiert von Tag zu Tag stark. Dies ist darauf zurückzuführen, dass auf der Demonstratormaschine täglich verschiedene Bauteile produziert werden und somit andere Lasten herrschen.

Demonstrator C

An dem Demonstrator C findet die Fertigung von Prototypenbauteilen und Kleinteilen statt. Die Fertigung kann in regelmäßigen Abständen unterbrochen werden, sodass die Messung des thermo-elastischen Fehlers in einem Messintervall von zehn Minuten erfolgt. An dem Demonstrator wurde ein Messdatensatz von 12 Tagen aufgezeichnet, wobei zwei Tage an einem Wochenende liegen, an dem auf dem Demonstrator keine Bauteile gefertigt wurden. An Demonstrator C wird ebenfalls im Einschichtbetrieb gearbeitet.

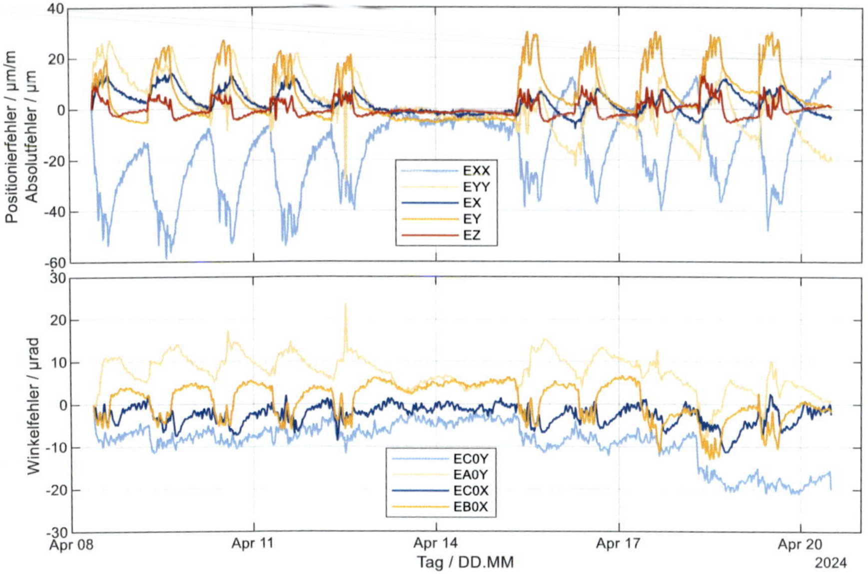

Bild 6.5: Gemessene TCP-Verlagerung an Demonstrator C
Measured TCP-Displacement on Demonstrator C

6.2 Vorverarbeitung der Inputdaten

Preprocessing of input data

Die Zeitkonstanten des thermo-elastischen Verhaltens von Werkzeugmaschinen bewegen sich im Bereich von wenigen Minuten bis zu mehreren Stunden [BREC17a]. Um auch die kurzfristigen thermo-elastischen Verlagerungen im Minutenbereich abbilden zu können, wird als Periodendauer der Berechnung des Modells zehn Minuten gewählt. Die Maschinendaten stehen mit einer Frequenz von 500 Hz zur Verfügung. Für jede Messgröße stehen in zehn Minuten somit 300.000 Datenpunkte zur Verfügung. Bei 20 Messgrößen ergibt dies sechs Millionen Datenpunkte. Die Eingabe einer solchen Datenmenge in ein KNN ist zwar möglich, in der Praxis jedoch nicht sinnvoll, da die große Datenmenge die benötigte Trainingszeit enorm verlängert und das Risiko von Overfitting vervielfacht [WISS14].

Das wesentliche Ziel der Datenvorverarbeitung ist daher, die gesammelten hochfrequenten Daten in charakteristische thermo-elastisch relevante Größen zu verdichten.

Um die Datenmenge so gering wie möglich zu halten und ein Overfitting zu vermeiden, werden nur die thermo-elastisch relevanten Größen aus dem Maschinentrace zur Weiterverarbeitung verwendet. Hierfür wird im Folgenden für die Hauptwärmequellen einer

Werkzeugmaschine diskutiert, ob die jeweils entstehende Wärmemenge einen Zusammenhang zu einer maschineninternen Messgröße aufweist. Die identifizierten maschineninternen Größen mit Zusammenhang werden dann als Eingangsgrößen im KNN verwendet.

Reibung an den Lagern der Achskinematiken

Reibung an den Lagern lässt sich gemäß Gleichungen 6.1 auf ein drehzahlabhängiges Reibmoment und ein lastabhängiges Reibmoment aufteilen [SCHA18]. Das drehzahlabhängige Reibmoment weist einen proportionalen Zusammenhang zur Drehzahl auf (Gleichung 6.2). Das lastabhängige Reibmoment ist proportional zur Lagerkraft (Gleichung 6.3). Für die Lager der Achskinematiken kann vereinfachend angenommen werden, dass die Lagerkräfte nur in axialer Richtung wirken, da die radialen Kraftkomponenten durch die Führungsschienen abgestützt werden. Diese axialen Lagerkräfte sind proportional zum Motorstrom der jeweiligen Achse.

$$P_{Lager} \sim (M_0 + M_1) \cdot n \text{ mit} \tag{6.1}$$

$$M_0 \sim n^{\frac{2}{3}} \text{ und} \tag{6.2}$$

$$M_1 \sim F_{Lager} \sim I_{Motor} \text{ und} \tag{6.3}$$

P_{Lager}: Reibleistung an den Lagern
M_0: Drehzahlabhängiges Reibmoment
M_1: Lastabhängiges Reibmoment
n: Drehzahl
F_{Lager}: Lagerkraft
I_{Motor}: Motorstrom

Die entstehende Wärme an den Lagern der Achsen ist somit vollständig von der jeweiligen Achsdrehzahl und dem Achsmotorstrom abhängig. Diese Größen sind mithilfe des Maschinentraces erfassbar und werden als Eingangsgrößen im KNN verwendet.

Reibung an den Lagern der Hauptspindel

Für die Lager der Hauptspindel sind die Gleichungen 6.1 und 6.2 weiterhin gültig. Die Vereinfachung, dass ausschließlich eine axiale Kraft wirkt, ist jedoch nicht mehr zulässig. Anstelle dessen ist das lastabhängige Reibmoment abhängig von der axialen und radialen Lagerkraft beschrieben (Gleichung 6.4) [SCHA18]. An den Lagern der Hauptspindel wirken komplexe Lasten. Für diese Arbeit wird vereinfachend angenommen, dass für jedes Spindellager die Axialkraft proportional zu dem Motorstrom der spindelparallelen Achse ist (Gleichung 6.5). Diese spindelparallele Achse ist in der Regel die Z-Achse der Werkzeugmaschine. Weiterhin wird vereinfachend angenommen, dass die Radialkraft für jedes Spindellager proportional zum Spindelmotorstrom ist (Gleichung 6.6).

$$M_1 \sim f_1 \cdot d_m(k_a \cdot F_{Lager,a} - k_r \cdot F_{Lager,r}) \text{ mit} \tag{6.4}$$

$$F_a \sim I_{Motor,Z} \text{ und} \tag{6.5}$$

$$F_r \sim I_{Motor,SP} \text{ und} \tag{6.6}$$

f_1:	Lagerbeiwert
d_m:	Mittlerer Lagerdurchmesser
k_a:	Lagerabhängiger Axialkraftkoeffizient
k_r:	Lagerabhängiger Radialkraftkoeffizient
$F_{Lager,a}$:	Axiale Lagerkraft
$F_{Lager,r}$:	Radiale Lagerkraft
$I_{Motor,Z}$:	Motorstrom der Z-Achse
$I_{Motor,SP}$:	Motorstrom des Spindelmotors

Die entstehende Wärme an den Spindellagern ist vollständig von der Drehzahl des Spindellagers, dem Spindelmotorstrom und dem Motorstrom der Z-Achse abhängig. Diese Größen sind mithilfe des Maschinentraces erfassbar und werden als Eingangsgrößen im KNN verwendet.

Reibung an den Muttern der Kugelgewindetriebe

Das Prinzip der Wärmeerzeugung durch die Kugelgewindemutter ähnelt im Wesentlichen dem eines Kugellagers. Die Wärme entsteht überwiegend durch die Reibung zwischen den Rillen der Kugel und der Mutter sowie zwischen den Rillen der Kugel und der Spindel. Die Wärmeerzeugung durch die Mutter kann gemäß Gleichung 6.7 definiert werden. [XU15]

$$P_{Mutter} \sim f_0 \cdot v_0 \cdot n \text{ mit} \tag{6.7}$$

P_{Mutter}:	Reibleistung der Mutter
f_0:	Mutterbeiwert
v_0:	Kinematische Viskosität des Schmiermittels

Die entstehende Wärme an den Muttern der Kugelgewindetriebe ist somit vollständig proportional von der Drehzahl des jeweiligen Achsmotors abhängig. Diese Größen sind mithilfe des Maschinentraces erfassbar und werden als Eingangsgrößen im KNN verwendet.

Reibung an den Führungsschienen

Die Reibung an den Führungsschienen wird durch Brecher et al. gemäß Gleichung 6.8 beschrieben [BREC15]. Hierbei hängt die Verlustleistung an den Führungsschienen von der Reibkraft ab. Die Reibkraft ist gemäß Gleichung 6.9 abhängig von der Normalkraft und dem Reibungskoeffizienten [STRI02]. Die Normalkraft ist hierbei proportional zum Motorstrom der orthogonalen Achsen (Gleichung 6.10) und der Reibungskoeffizient ist abhängig von der Achsgeschwindigkeit, bzw. der Drehzahl.

$$P_{Schiene} \sim \int F_{Reib}\, du \quad \text{mit} \tag{6.8}$$

$$F_{Reib} \sim f(\mu(n), F_N) \quad \text{und} \tag{6.9}$$

$$F_N \sim I_N \quad \text{und} \tag{6.10}$$

$P_{Schiene}$: Reibleistung der Führungsschiene
u: Strecke
F_{Reib}: Reibkraft
μ: Reibungskoeffizient
n: Drehzahl
F_N: Normalkraft
I_N: Motorstrom der Achsmotoren der orthogonalen Achsen

Die entstehende Wärme an den Führungsschienen ist somit vollständig von der Drehzahl der jeweiligen Achse und des Motorstroms der orthogonalen Achsen beschrieben. Diese Größen sind mithilfe des Maschinentraces erfassbar und werden als Eingangsgrößen im KNN verwendet.

Verlustleistung im Motor

Die Verlustleistung des Motors teilt sich in Eisen-, Kupfer- und Wirbelstromverluste auf (Gleichung 6.11), welche proportional zum quadrierten Motorstrom und der quadrierten Drehzahl der Achse sind (Gleichungen 6.12 - 6.14).

$$P_{Motor} = P_{Eisen} + P_{Kupfer} + P_{Wirb.} \tag{6.11}$$

$$P_{Eisen} \sim I_{Motor}^2 \tag{6.12}$$

$$P_{Kupfer} \sim n_{motor}^2 \tag{6.13}$$

$$P_{Wirb.} \sim n_{motor}^2 \quad \text{mit} \tag{6.14}$$

P_{Motor}: Gesamtverlustleistung eines Motors
P_{Eisen}: Eisenverluste
P_{Kupfer}: Kupferverluste
$P_{Wirb.}$: Wirbelstromverluste

I_{Motor}: Stromstärke des Motors
n_{Motor}: Drehzahl des Motors

Die entstehende Wärme an den Motoren ist somit vollständig von dem quadrierten Motorstrom und der quadrierten Drehzahl abhängig. Diese Größen sind mithilfe des Maschinentraces erfassbar und werden als Eingangsgrößen im KNN verwendet.

Achsposition

Durch die Achsposition wird bei Linearachsen die Kontaktstelle zwischen den Führungsschienen und den Führungsschuhen vorgegeben. Liegt eine Temperaturdifferenz zwischen den beiden Komponenten vor, kommt es somit zu einem positionsabhängigen Wärmestrom. Die Achspositionen sind mithilfe des Maschinentraces erfassbar und werden als Eingangsgrößen im KNN verwendet.

Motortemperatur

Die Wicklungstemperatur der Motoren wird mit Temperatursensoren überwacht. Die Motortemperatur bestimmt maßgeblich die Wärme, die in der Nähe des Motors in die Maschinenstruktur fließt. Die Motortemperaturen sind mithilfe des Maschinentraces erfassbar und werden als Eingangsgrößen im KNN verwendet.

Encoderdifferenz

Die Encoderdifferenz steht im Zusammenhang zur achsnahen Strukturdehnung und steht somit in einem direkten Verhältnis zur TCP-Verlagerung. Die Encoderdifferenz kann über die Bildung der Differenz aus der gemessenen Position am Linearmaßstab und der gemessenen Temperatur am Drehgeber berechnet werden. Die Encoderdifferenzen sind mithilfe des Maschinentraces erfassbar und werden als Eingangsgrößen im KNN verwendet.

Weitere Werte

Die Achsbeschleunigung und der Motorstrom haben einen engen Zusammenhang, da eine erhöhte Beschleunigung mit einem erhöhten Motorstrom einhergeht. Daher wird die Achsbeschleunigung ebenfalls als Modelleingangsgröße verwendet. Weiterhin wird ebenfalls die Gesamtleistung der Motoren als Modelleingang als Eingangsgröße verwendet. Die Gesamtleistung der Motoren dissipiert in der Maschine schlussendlich vollständig in Wärme. Durch die Berücksichtigung der Gesamtleistungen können Wärmequellen, die nicht durch die erwähnten Einzelkomponenten erfasst sind, berücksichtigt werden. Die Achsbeschleunigung und die Gesamtleistung sind mithilfe des Maschinentraces erfassbar und werden als Eingangsgrößen im KNN verwendet.

Wie in Abschnitt 4.2 erwähnt, wird in der Fachliteratur die Umgebungstemperatur als wichtiger Einflussfaktor auf das thermo-elastische Maschinenverhalten erfasst. Diese

Arbeit verzichtet jedoch bewusst darauf, da hierfür ein zusätzlicher Temperatursensor erforderlich wäre, was die industrielle Anwendbarkeit einschränken würde (vgl. Kapitel 3). Dies erhöht die Modellunsicherheit, da eine relevante Einflussgröße unberücksichtigt bleibt. Ziel ist es zu prüfen, ob dieser Verzicht zulässig ist bzw. durch andere Messgrößen wie die Encoderdifferenz und die Temperatursensoren der Achsmotoren kompensiert werden kann.

Ein weiterer komplexer Einflussfaktor ist der Einsatz von KSS, der in der Fachliteratur ausführlich untersucht wird. In dieser Arbeit wurde sein Einfluss reduziert, indem er entweder konsequent weggelassen (Demonstratoren A, C, D, E) oder durchgehend genutzt wurde (Demonstrator B).

Alle Daten werden normalisiert und mit den Ausgangsdaten synchronisiert. Bild 6.6 gibt eine Übersicht über die verdichteten Daten.

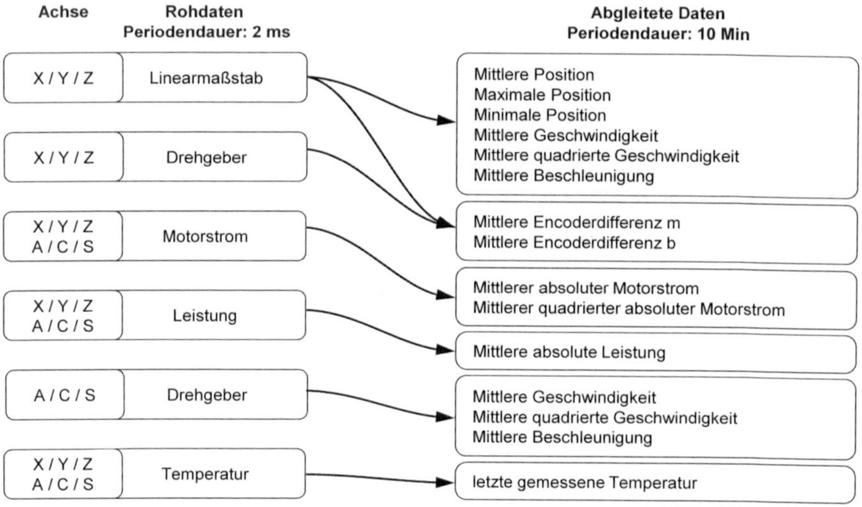

Bild 6.6: Übersicht der Datenvorverarbeitung
Overview of the data preprocessing

Die Rohdaten werden in einer Frequenz von 500 Hz mitgezeichnet. Zur Verarbeitung im KNN ist es notwendig, die Werte auf eine geringere Periodendauer von zehn Minuten herunterzusamplen. Hierfür wird jeweils der Mittelwert herangezogen. Hierbei wird jeweils der Betrag des Wertes verwendet, da die Wärmeerzeugung nicht von der Bewegungsrichtung der Achse abhängig ist. Bild 6.7 fasst die Datenaggregation an einem zufälligen Ausschnitt von gemessenen Daten der Y-Achse von Demonstrator A zusammen.

Es ergeben sich insgesamt 15 Arten von Datenpunkten. Da die Datenpunkte teilweise in mehreren Achsen vorliegen, entstehen pro Zeiteinheit 63 Eingangsdaten für das KNN.

Es ist nicht sinnvoll, alle vorliegenden Datenpunkte für das KNN zu verwenden, da die Daten zum großen Teil redundant sind oder Abhängigkeiten zueinander aufweisen. Dies kann dazu führen, dass KNN ungenau werden oder eine größere Anzahl an Schichten benötigen, wodurch wiederum die Trainingszeit und die Größe des benötigten Trainingsdatensatzes steigen [SUZU11]. Dieser Zusammenhang ist im Akaike-Informations-Kriterium (AIK) beschrieben, welcher in Bild 6.8 dargestellt und in Gleichung 6.15 formuliert ist.

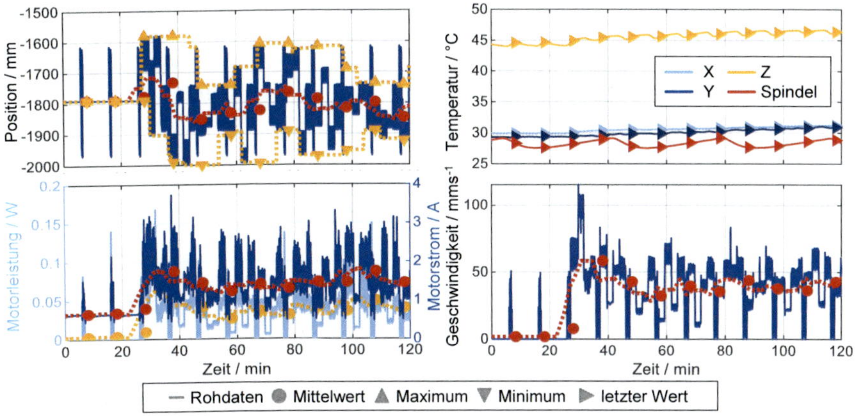

Bild 6.7: Daten zur Datenvorverarbeitung

Data for preprocessing

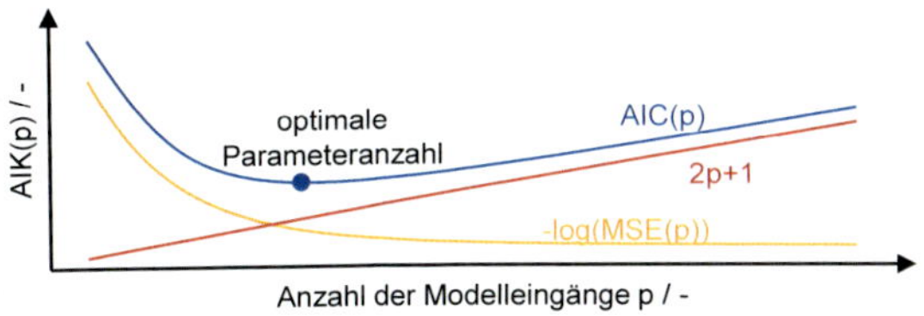

Bild 6.8: Akaike-Informations-Kriterium in Anlehnung an [SUZU11]

Akaike Information Criterion according to [SUZU11]

Das AIK ist definiert als

$$AIK(p) = -n\,log\big(MSE(p)\big) + 2((p+1)\text{ , mit} \qquad (6.15)$$

$AIK(p)$: Akaike-Informations-Kriterium
MSE: Mean Square Error
p: Anzahl der Eingangsparameter

Bei wenigen Eingangsparametern ist die Modellgüte zunächst hoch, da nicht genug Informationen in den Eingangsdaten verfügbar sind. Bei vielen Eingangsparametern ist die Modellgüte ebenfalls hoch, da die Modelle hier zu einem Overfitting neigen. Für eine mittlere Anzahl an Eingangsparametern tritt ein optimales AIK auf, das den optimalen Kompromiss zwischen Modellgenauigkeit und Modellkomplexität darstellt. Das optimale Modell wird durch Minimierung des AIK in Bezug auf die Anzahl der Modellparameter generiert. [SUZU11]

Daraus ergibt sich die Notwendigkeit, die Anzahl der verwendeten Inputdaten zu optimieren, um sowohl die Effizienz als auch die Genauigkeit eines Modells zu verbessern. Eine unkontrollierte Verwendung einer großen Anzahl von Eingangsgrößen kann nicht nur zu einer erhöhten Rechenzeit führen, sondern auch zu einer Überanpassung des Modells, wodurch die Generalisierbarkeit der Ergebnisse negativ beeinflusst werden kann. Daher ist es entscheidend, eine gezielte Auswahl relevanter Inputdaten zu treffen.

Es gibt verschiedene methodische Ansätze zur Selektion von Inputdaten, die von Suzuki beschrieben und im Folgenden zusammengefasst werden [SUZU11]. Grundsätzlich lassen sich diese Methoden in zwei Hauptkategorien unterteilen: filterbasierte Verfahren und modellbasierte Verfahren.

- Filterbasierte Methoden analysieren ausschließlich die Eingangsdaten selbst, ohne die Struktur oder die Leistungsfähigkeit des zugrunde liegenden Modells zu berücksichtigen. Ein typisches Beispiel ist die Identifikation von stark korrelierten Variablen innerhalb des Datensatzes. In diesem Fall werden redundante Daten, die möglicherweise keine zusätzlichen Informationen für das Modell liefern, entfernt, um die Rechenkomplexität zu reduzieren und die Modellgenauigkeit zu verbessern.

- Modellbasierte Methoden berücksichtigen nicht nur die Eingangsdatensätze, sondern auch deren Einfluss auf das Modell und das endgültige Ergebnis. Dadurch können Merkmale gezielt eliminiert werden, deren Beitrag zur Modellgenauigkeit als gering eingestuft wird. Modellbasierte Verfahren sind oft rechenaufwändiger, bieten jedoch eine genauere Optimierung des Datensatzes.

Im Rahmen dieser Arbeit wurden sowohl die Backward Elimination, als ein Vertreter der modellbasierten Methoden, als auch die Pearson-Korrelation und die partielle Korrelation, welche filterbasierte Verfahren darstellen, zur Selektion der Inputdaten eingesetzt.

Backward Elimination

Bei der Backward Elimination handelt es sich um ein schrittweises, rückwärtsgerichtetes Eliminierungsverfahren, das auf einem trainierten Modell basiert. Die Vorgehensweise ist folgend beschrieben.

1. Zunächst werden alle verfügbaren Eingangsdaten, d. h. n Inputvariablen, in das Modell einbezogen, um ein Künstliches Neuronales Netz (KNN) zu trainieren.

2. Anschließend wird jede einzelne Eingangsvariable temporär aus dem Datensatz entfernt, sodass jeweils ein um eine Variable reduzierter Datensatz mit n-1 Variablen entsteht.

3. Für jeden dieser reduzierten Datensätze wird erneut ein KNN trainiert, und die Leistung des Modells wird mithilfe des RMSE auf einem separaten Validierungsdatensatz gemessen.

4. Diejenige Eingangsvariable, deren Entfernung zu der größten Erhöhung des RMSE führt (also die für die Modellleistung am wenigsten relevante Variable), wird dauerhaft aus dem Datensatz entfernt.

5. Dieser Prozess wird so lange wiederholt, bis alle Inputvariablen eliminiert wurden.

6. Während der schrittweisen Elimination ergibt sich ein Verlauf des RMSE in Abhängigkeit von der Anzahl der verwendeten Eingangsdaten. Dieser Verlauf erlaubt es, ein Optimum der Eingangsgrößen zu bestimmen, d. h., diejenige Anzahl an Variablen zu identifizieren, bei der das Modell seine höchste Genauigkeit aufweist.

Elimination mittels Pearson-Korrelation und partieller Korrelation

Ein weiteres Verfahren zur Selektion von Inputvariablen ist die Nutzung der Pearson-Korrelation oder der partiellen Korrelation, die auf statistischen Zusammenhängen zwischen den einzelnen Eingangsdaten basiert. Der Ablauf der Verfahren ist identisch, mit dem Unterschied, dass die Ähnlichkeit der Werte basierend auf Pearson-Korrelation, bzw. partieller Korrelation verwendet wird. Im Folgenden wird das Vorgehen für beide Verfahren beschrieben und der Begriff „Korrelation“ als Platzhalter für das jeweilige Verfahren verwendet.

1. Zunächst werden alle Paare von Eingangsdaten hinsichtlich ihrer Ähnlichkeit untersucht. Die Korrelationsanalyse liefert einen Korrelationskoeffizienten zwischen -1 und +1, wobei Werte nahe +1 oder -1 auf eine starke lineare Abhängigkeit zwischen zwei Variablen hinweisen.

2. Wenn zwei Variablen eine hohe Korrelation aufweisen, bedeutet dies, dass sie weitgehend dieselben Informationen enthalten. Eine der beiden Variablen kann daher entfernt werden, ohne dass signifikante Informationsverluste auftreten.

3. Alle Eingangsvariablen mit einer Korrelation oberhalb dieses Schwellenwertes werden entfernt, um Redundanzen zu vermeiden und die Modellgenauigkeit zu optimieren.

4. Gemäß Suzuki kann ein Schwellenwert auf Basis der Gesamtanzahl der Eingangsdaten p bestimmt werden bei dem ein weitere Elimination nicht mehr notwendig ist. Dieser Schwellwert beträgt $2/\sqrt{(p)}$, wobei p die Anzahl der Eingangsvariablen darstellt.

In Bild 6.9 werden die Pearson-Korrelationen der Eingangsdaten des KNN an Demonstrator A dargestellt. In der Darstellung wird nicht zwischen positiven und negativen Pearson-Korrelationen unterschieden. Es ist somit der Betrag der Pearson-Korrelation dargestellt.

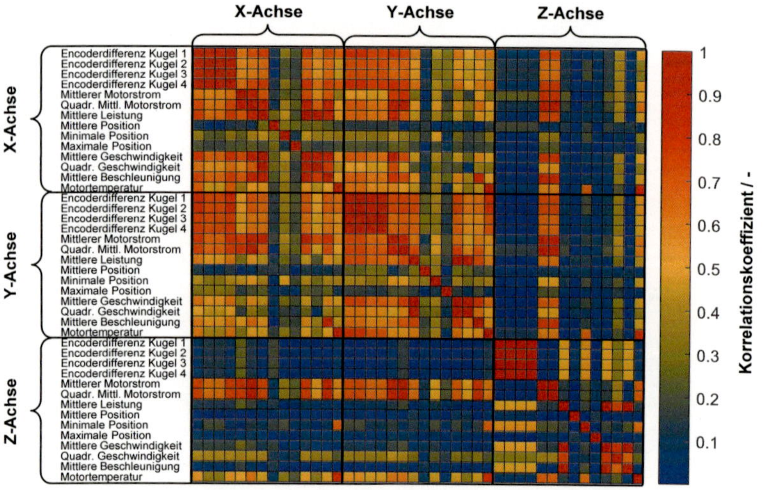

Bild 6.9: Pearson-Korrelation der Eingangsdaten an Demonstrator A
Pearson correlation of the input data of demonstrator A

Die Korrelationen zwischen den Eingangsdaten treten in Clustern auf. Die Encoderdifferenzen, die in den vier verschiedenen Posen gemessen werden, weisen eine hohe Korrelation zueinander auf. Dies untermauert die Annahme, dass die Encoderdifferenz linear abhängig von der Achsposition ist. Weiterhin zeigt sich, dass eine höhere Korrelation zwischen den Daten der X- und Y-Achse besteht. Zur Z-Achse liegen geringere Korrelationen vor. Dies liegt daran, dass die Bewegungsarten in X- und Y-Richtung ähnlicher sind als die in Z-Richtung. In Z-Richtung werden während der simulierten Bearbeitung nur kleine Bewegungen durch Zustellungen in Z-Richtung gefahren. Weiterhin ist die Z-Achse bei Demonstrator A die Vertikalachse ohne Gewichtsausgleich oder Selbsthemmung und weist daher ein permanentes Haltemoment auf. Zwischen den Bearbeitungen finden in Z-Richtung viele Eilgangbewegungen statt. Andersherum liegen während der Bewegungen in X- und Y-Richtung langsame und kontinuierliche Bewegungen vor.

Die Pearson-Korrelation weist eine hohe Anfälligkeit gegenüber sogenannten Scheinkorrelationen auf. Eine Korrelation zwischen zwei Variablen wird als Scheinkorrelation bezeichnet, wenn sich ihre Korrelation auf einen Einfluss einer dritten Variablen zurückzuführen ist. Die partielle Korrelation ermöglicht es, den direkten Zusammenhang zwischen zwei Variablen zu messen, während der Einfluss einer oder mehrerer Drittvariablen konstant gehalten wird. Dies ist besonders nützlich, um versteckte Beziehungen aufzudecken, die durch andere Faktoren verdeckt sein könnten, was bei der Pearson-Korrelation nicht möglich ist. Dadurch kann die partielle Korrelation zu präziseren und aussagekräftigeren Ergebnissen in komplexen Datensätzen führen. [MÜLL91]

Im Folgenden wird eine Korrelationsanalyse mithilfe der partiellen Korrelation durchgeführt. In Bild 6.10 ist die partielle Korrelationsmatrix der Eingangsvariablen für Demonstrator A dargestellt.

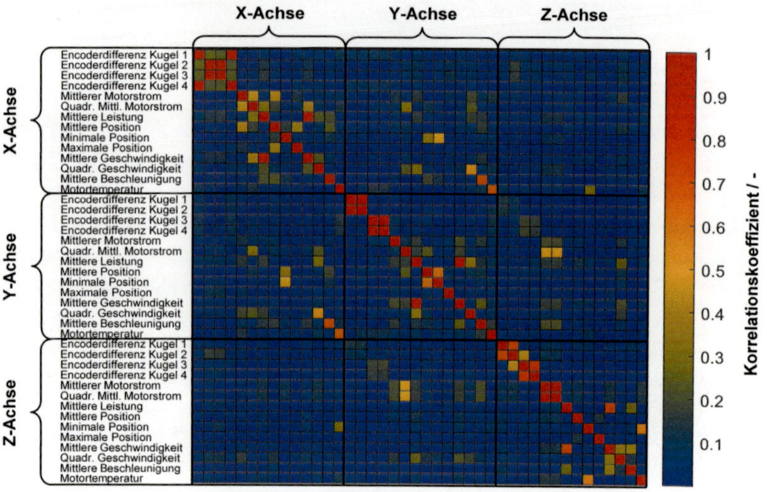

Bild 6.10: Partielle Korrelation der Eingangsdaten an Demonstrator A
Partial correlation of the input data of demonstrator A

Die Matrix zeigt, dass punktuell höhere Korrelationen auftreten, die jedoch kein signifikantes Muster erkennen lassen. In Bild 6.11 ist der Verlauf des RMSE abhängig von der Anzahl der eliminierten Variablen bei der Backward Elimination, sowie der Elimination nach Pearson-Korrelation und partieller Korrelation dargestellt. Bei der Elimination mit den Korrelationsverfahren wird jeweils schrittweise die Variable mit der größten Korrelation zu anderen Eingangsvariablen aus dem Trainingsdatensatz entfernt. Die Modelle wurden jeweils neunmal mit einer veränderten Aufteilung von Trainings- und Validierungsdaten angewendet, wodurch sich der dargestellte Mittelwert und die Standardabweichung ergibt.

Die drei dargestellten RMSE-Verläufe zeigen abhängig von der Anzahl der verwendeten Variablen je nach Eliminationsverfahren einen ähnlichen Verlauf. Es kommt zu einem höheren RMSE bei der Verwendung von sehr wenigen und sehr vielen Variablen. Dies entspricht dem AIK [SUZU11]. Das Optimum befindet sich bei einer Anzahl von sechs Variablen im Fall der Backward Elimination. Bei den Eliminationsverfahren nach partieller Korrelation liegt das Optimum bei neun und nach Pearson-Korrelation bei 20 Variablen.

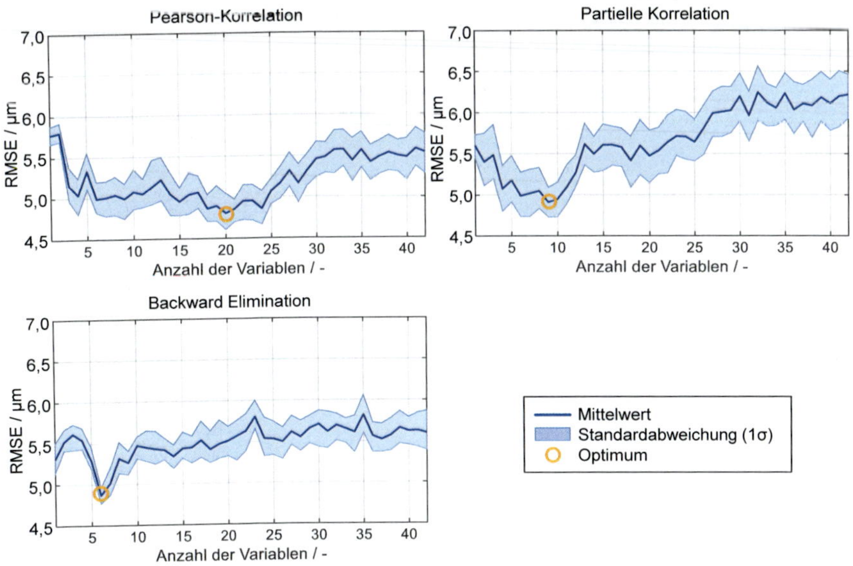

Bild 6.11: RMSE des Validierungsdatensatzes an Demonstrator A bei der Elimination von Variablen nach den Eliminationsverfahren: Pearson-Korrelation, partielle Korrelation und Backward Elimination

RMSE of the validation data set for demonstrator A when eliminating variables using the elimination methods: Pearson correlation, partial correlation and backward elimination

Dies deckt sich mit der Inputdaten-Auswertung in der Fachliteratur in Bild 2.6 in Anlehnung [CZWA22]. Einige Arbeiten der Fachliteratur fokussieren eine Optimierung der verwendeten Eingangsvariablen. Hier zeigt sich, dass die Arbeiten nach der Optimierung bis zu acht Eingangsvariablen nutzen, was etwa gleich mit der berechneten optimalen Anzahl an Variablen gemäß der Pearson-Korrelation und der Backward Elimination ist. Es wird jedoch darauf hingewiesen, dass eine Vergleichbarkeit nur bedingt gegeben ist, da die untersuchten Maschinen verschiedene Geometrien aufweisen und verschiedene Lastszenarien untersucht wurden.

In Tabelle 6.1 ist aufgelistet, welche Rangfolge die Variablen abhängig vom Auswahlverfahren aufweisen. Die Rangfolge der Variablen spiegelt die durch das Auswahlverfahren zugewiesene Bedeutsamkeit der jeweiligen Variable wider.

Tabelle 6.1: Rangfolge der Variablen abhängig von Auswahlverfahren
Rank of the variables depending on the selection method

Eingangsvariablen	Backward Elimination	Korrelation	Partielle Korrelation	Mittelwert
Encoderdifferenz K5 Z	1	11	13	8.3
Encoderdifferenz K5 X	2	15	32	16.3
Stromstärke X	3	14	12	9.7
Position X	4	6	19	9.7
Geschwindigkeit Y	5	31	17	17.7
Temperatur X	6	21	26	17.7
Quad. Geschw. Z	7	4	5	5.3
Beschleunigung Z	8	18	15	13.7
Beschleunigung X	9	20	11	13.3
Encoderdifferenz K5 Y	10	29	31	23.3
Geschwindigkeit Z	11	30	28	23.0
Quad. Geschwindigkeit X	12	10	23	15.0
Position Z	13	1	14	9.3
Quad. Geschwindigkeit Y	14	7	16	12.3
Max. Pos Z	15	5	1	7.0
Quad. Stromstärke Y	16	24	10	16.7
Leistung X	17	27	29	24.3
Position Y	18	3	25	15.3
Stromstärke Y	19	23	8	16.7
Min. Pos X	20	9	6	11.7
Min. Pos Y	21	2	3	8.7
Geschwindigkeit X	22	32	4	19.3
Quad. Stromstärke Z	23	19	21	21.0
Temperatur Y	24	25	9	19.3
Quad. Stromstärke X	25	22	20	22.3
Max. Pos Y	26	12	22	20.0
Min. Pos Z	27	13	7	15.7
Max. Pos X	28	8	2	12.7
Leistung Z	29	26	18	24.3
Stromstärke Z	30	33	33	32.0
Leistung Y	31	28	30	29.7
Temperatur Z	32	17	24	24.3
Beschleunigung Y	33	16	27	25.3

In der Tabelle ist jeweils die Variable mit dem Rang 1 die bedeutendste und mit dem Rang 33 die unbedeutendste Variable zur Berechnung des thermo-elastischen Maschinenfehlers. Die Tabelle ist sortiert nach der Rangfolge der Backward Elimination. In der ersten Spalte sind die Variablen farblich hervorgehoben, welche abgeleitet aus Kapitel 5 einen starken Zusammenhang zum thermo-elastischen Maschinenverhalten aufweisen.

Dieser deutliche Zusammenhang lässt sich weder bei der Pearson-Korrelationsanalyse noch bei der partiellen Korrelation feststellen. Dies liegt daran, dass diese Korrelationsverfahren lediglich einfache Zusammenhänge bewerten können, während die thermo-elastische Maschinenverformung ein komplexes Phänomen darstellt. Ein angemessenes Verständnis des Zusammenhangs erfordert daher die Anwendung der Backward Elimination, die in der Lage ist, die relevanten Variablen und ihre Wechselwirkungen präziser zu erfassen.

Aufgrund der hohen Übereinstimmung zwischen den durch die empirische Analyse und die Backward Elimination selektierten Daten wird im Folgenden, wenn nicht explizit anders erwähnt, mit den durch den Backward Elimination ermittelten Eingangsvariablen aus der Tabelle fortgefahren. Dies sind:

- Encoderdifferenz an Kugel 5 der Z-Achse
- Encoderdifferenz an Kugel 5 der X-Achse
- Stromstärke der X-Achse
- Position der X-Achse
- Geschwindigkeit der Y-Achse
- Aktuelle Temperatur des Motors der X-Achse

Die Auswahl dieser Variablen als Eingangsgrößen wird durch die klare Rangfolge der Backward Elimination gestützt und bildet somit die Basis für die weiteren Analysen im Rahmen dieser Arbeit. Die folgende Untersuchung wird sich auf die Wechselwirkungen dieser Variablen konzentrieren und deren Einfluss auf den thermo-elastischen Maschinenfehler näher beleuchten.

6.3 Netzstruktur des KNN

ANN structure

Der Zusammenhang zwischen den maschineninternen Daten und der TCP-Verlagerung ist komplex und lässt sich mit Whitebox-Modellen nur aufwendig berechnen. Künstliche Neuronale Netze sind für die Modellierung eines solchen Zusammenhangs sehr gut geeignet und konnten im Bereich der Modellierung des thermo-elastischen Verhaltens von Werkzeugmaschinen gute Ergebnisse erzielen. Wie in Kapitel 2 dargestellt, gibt es bereits umfangreiche Forschungsergebnisse zu den Modell- und

Schichtarten, die geeignet sind, um den thermo-elastischen TCP-Fehler zu modellieren. Eine umfassende Auswertung dieser verschiedenen Methoden der Fachliteratur zeigt jedoch, dass es keine Art von KNN gibt, die erkennbar bessere Ergebnisse liefert (vgl. Abschnitt 2.3.2, Bild 2.11). Aufgrund bereits vorliegender weitreichender Untersuchungen zu den Arten von KNN wird kein Fokus auf den Vergleich der Berechnungsqualität von verschiedenen KNN gelegt. Es werden die bekannten Modelle aus dem Stand der Technik zu Hilfe genommen. Für diese Arbeit wird ein rekurrentes neuronales Netz verwendet, da diese Art von KNN auch verzögertes Verhalten abbilden kann, welches beispielsweise bei dem Zusammenhang von Motorstrom und TCP-Verlagerung besteht.

Long Short Term Memory Netze (deut.: Netze mit Lang- und Kurzzeitgedächtnis; LSTM) sind eine Art von rekurrenten Netzen, welche ein solches Verhalten über mehrere Zeitschritte abbilden können und in der Forschung gute Ergebnisse bei der Modellierung der TCP-Verlagerung erbringen (vgl. Abschnitt 2.3.2). Sie kommen daher in dieser Arbeit zur Anwendung. Der LSTM Layer wird mit Fully Connected Layern, einem Dropout Layer und einem ReLU Layer kombiniert. Das verwendete KNN ist in Bild 6.12 dargestellt. Es wird in der Programmierumgebung MATLAB (Version R2022a) erstellt.

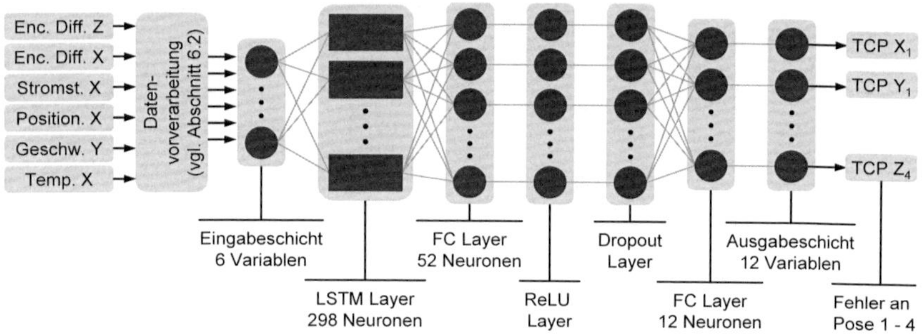

Bild 6.12: KNN zur Berechnung der TCP-Verlagerung
ANN for the computation of the TCP error

Die selektierten Inputdaten werden zunächst wie in Abschnitt 6.2 beschrieben vorverarbeitet. Anschließend werden sie in eine Eingabeschicht gegeben. Nach der Eingabeschicht wird ein LSTM Layer verwendet, welche die Daten über die Zeitintervalle hinweg speichern (bzw. merken) kann. In der anschließenden Schichtanordnung befinden sich zwei Fully Connected Layer, ein Dropout Layer und ein ReLU Layer. In der Dropout Layer werden die Werte, die einen Schwellwert nicht überschreiten, gelöscht. Dies führt zu einer höheren Robustheit des Modells gegenüber Overfitting. Der ReLU Layer führt dazu, dass das Training des Netzes zielgerichteter bzw. erfolgreicher ist.

Die Fully Connected Layer wirken als Verbindungsschichten zwischen den funktionalen Schichten. Zuletzt werden die Daten der TCP-Verlagerung über eine Ausgabeschicht ausgegeben.

Die Anzahl der Hidden Units, der LSTM und Fully Connected Layer, die Initial Learn Rate und die Mini Batch Size wurden mithilfe einer Bayes‘schen Optimierung gewählt. Bei der Bayes‘sche Optimierung handelt es sich um eine sequenzielle Strategie zum Ermitteln eines globalen Optimums von Black-Box-Funktionen, die kein Wissen über die Form der Funktion voraussetzt. Sie wird in der Regel zur Optimierung von Funktionen eingesetzt, die eine lange Berechnungsdauer von mehreren Minuten oder Stunden haben [FRAZ18].

6.4 Trainingsdatensatzlänge

Training data length

Für KNN werden Trainingsdatensätze benötigt, die zum Teil nur zeitaufwendig gewonnen werden können. Mit dem Trainingsdatensatz werden die Kantengewichte des Netzes parametriert, sodass das Netz den Zusammenhang zwischen den Eingangs- und Ausgangsdaten modellieren kann. Grundsätzlich gilt, dass zum Training eines komplexen Zusammenhangs mehr Daten notwendig sind als für weniger komplexe Zusammenhänge.

Zur Erstellung eines Trainingsdatensatzes ist die Messung der TCP-Verlagerung notwendig. Für eine industrietaugliche Anwendung ist es erforderlich, so wenige Messungen wie möglich durchzuführen. Das bedeutet, dass ein möglichst kurzer Trainingsdatensatz vorteilhaft ist. In Bild 6.13 ist der RMSE des Validierungsdatensatzes in Abhängigkeit der Trainingsdatenlänge dargestellt. Das Training der KNN wurde für jede Trainingsdatensatzlänge zehnmal durchgeführt. Da die Startgewichte der Netze zufällig initiiert werden, ergibt sich für jeden Trainingsdurchlauf ein anderes Ergebnis. Die in dem Bild als Kreise dargestellten Datenpunkte stellen jeweils Ausreißer dar.

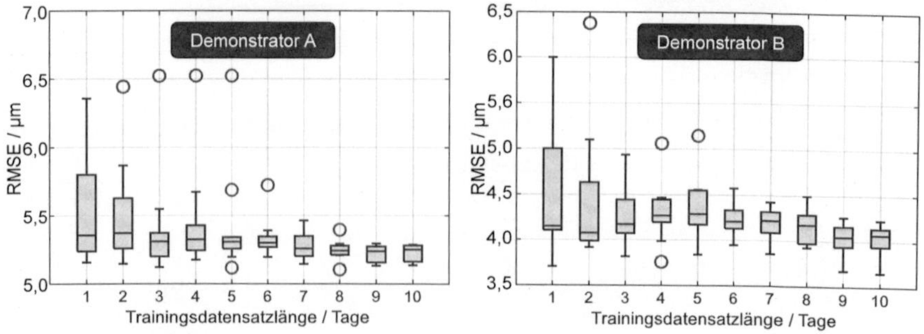

Bild 6.13: RMSE der Berechnung des TCP-Fehlers in Abhängigkeit der Länge des Trainingsdatensatzes

RMSE of the TCP error computation depending on the training set length

Der RMSE ist bei der Auswertung als normalisierte, einheitslose Größe angegeben. Unabhängig von der Trainingsdatensatzlänge gibt es KNN, die einen geringen RMSE erzielen. Es wird deutlich, dass es bei einer kürzeren Trainingsdatensatzlänge auch KNN gibt, die einen hohen RMSE für die Berechnung des Validierungsdatensatzes aufweisen: Bei einer Trainingsdatensatzlänge von fünf Tagen oder weniger weisen die schlechtesten Netze einen RMSE von mehr als 6,5 µm bzw. mehr als 5,0 µm auf. Die Streubreite der Ergebnisse sinkt deutlich für eine Trainingsdatensatzlänge von sechs, bzw. sieben Tagen oder mehr. Hier weisen die schlechtesten KNN einen RMSE von unter 5,5 µm bzw. unter 4,5 µm auf. Dies bedeutet, dass für den vorliegenden Fall an Demonstrator A und Demonstrator B die Länge des Trainingsdatensatzes nicht kürzer als sieben Tage sein darf, um verlässliche Ergebnisse zu erhalten. Aufgrund der kleinen Stichprobe ist jedoch kein genereller Rückschluss auf andere Werkzeugmaschinen zulässig.

In den Untersuchungen an Demonstrator A wurde die Maschine im Dauerbetrieb verwendet. Der TCP-Fehler wurde in einem regelmäßigen Intervall von zehn Minuten gemessen. Die Messung dauerte jeweils 173 s. Bei einem Trainingsdatensatz von sieben Tagen ergibt sich somit eine Gesamtdauer der Messungen von 34,72 h. An Demonstrator B hingegen wurde der Maschinenfehler in unregelmäßigen Abständen von zehn bis 40 Minuten gemessen. Die Maschine wurde im Einschichtbetrieb acht Stunden am Tag verwendet. Die gesamte Messzeit während der ersten sieben Tage beträgt 17,49 h. Eine Einordnung dieses Ergebnisses in den Stand der Forschung ist nicht einfach, da die verwendeten Demonstratoren und Korrekturgüten sehr unterschiedlich sind. Weiterhin ist nicht bei allen Forschungsansätzen ersichtlich, wie hoch der Parametrierungsaufwand ist. Wennemer und Spierling stellen den Parametrierungsaufwand für ihre Forschungsansätze transparent dar. Bei Wennemer beträgt der Parametrierungsaufwand etwa zehn Tage (240 h) [WENN18]. Während dieser Parametrierungszeit ist keine produktive Bearbeitung auf der Maschine möglich. Bei Spierling et al. wird das Modell durch intermittierende Messungen kontinuierlich parametriert. Hierbei ergibt sich ein Produktivitätsverlust von 3,3 % [SPIE23]. Verglichen mit diesen beispielhaften Arbeiten weist das vorgestellte Modell einen deutlich geringeren Produktivitätsverlust auf. Die Hypothese lässt sich somit ebenfalls in Bezug auf die Modellausgangsdaten verifizieren.

Es existieren verschiedene Methoden zur Reduktion der erforderlichen Länge eines Trainingsdatensatzes, um den Trainingsaufwand zu minimieren. Eine der etablierten Techniken zur Datenreduktion ist das Transfer-Learning (vgl. Kapitel 2). Dieses Verfahren ermöglicht es, bereits trainierte Modelle auf neue, aber ähnliche Problemstellungen zu übertragen, wodurch die Menge an benötigten neuen Trainingsdaten erheblich reduziert werden kann.

Um zu überprüfen, inwiefern Transfer-Learning im vorliegenden Fall zur Verringerung der Trainingsdatensatzlänge beiträgt, wird in dieser Untersuchung das bereits erstellte KNN-Modell untersucht. Zunächst wird das KNN-Modell mit den verfügbaren Trainingsdaten eines bestimmten Demonstrators trainiert. Anschließend wird das Transfer-Learning angewendet, indem das trainierte Modell auf eine andere Werkzeugmaschine übertragen wird. Die Validierung dieses Verfahrens erfolgt anhand der Demonstratoren D und E. Aufgrund ihrer strukturellen und funktionalen Ähnlichkeit wird erwartet, dass an diesen Demonstratoren eine Verkürzung der notwendigen Trainingsdatensatzlänge erzielt werden kann. Die in dieser Arbeit verwendete Methodik zum Transfer-Learning ist in Bild 6.14 dargestellt.

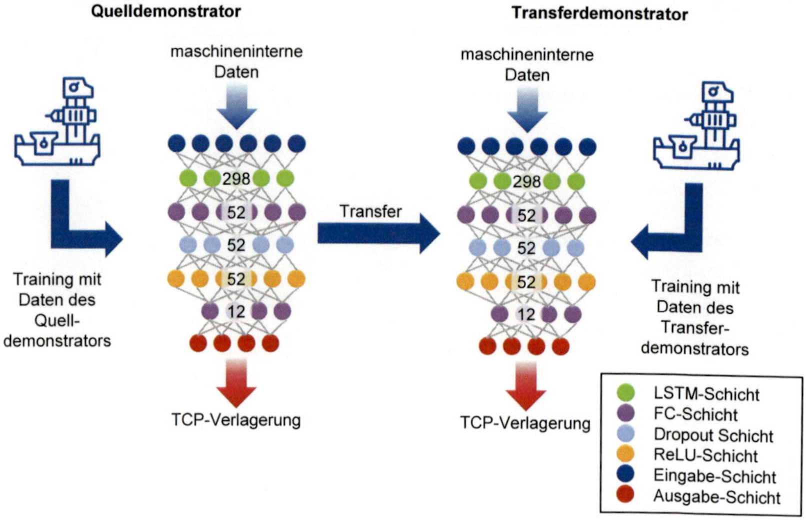

Bild 6.14: Verwendete Methodik des Transfer-Learnings
Used methodology for transfer learning

Das Transfer-Learning erfolgt in mehreren Schritten. Zunächst wird das in der Abbildung dargestellte KNN-Modell auf Basis eines Quelldemonstrators trainiert. Als Quelldemonstratoren werden in dieser Untersuchung Demonstrator A und Demonstrator E ausgewählt. Diese Modelle werden jeweils mit den vollständigen Trainingsdatensätzen der entsprechenden Demonstratoren trainiert. Nachdem das KNN-Modell für den jeweiligen Quelldemonstrator optimiert wurde, erfolgt der Transfer auf den sogenannten Transferdemonstrator.

Im nächsten Schritt wird das übertragene KNN-Modell mit dem Trainingsdatensatz des Transferdemonstrators weiter trainiert. In dieser Untersuchung wird Demonstrator D als Transferdemonstrator verwendet. Um die Auswirkungen der Datenreduktion zu analysieren, wird die Trainingsdatensatzlänge von Demonstrator D systematisch variiert. Ziel ist es, zu untersuchen, in welchem Maße die Nutzung eines vortrainierten Modells den Bedarf an neuen Trainingsdaten senkt, ohne die Modellgenauigkeit erheblich zu beeinträchtigen.

Die Ergebnisse dieser Untersuchung sind in Bild 6.15 dargestellt, wobei insbesondere der Vergleich zwischen dem Transfer-Learning-basierten Modell und einem konventionellen KNN-Modell erfolgt. Letzteres wird ausschließlich auf Basis der Daten von Demonstrator D trainiert, ohne auf vorherige Trainingsdaten eines anderen Demonstrators zurückzugreifen. Dadurch wird eine direkte Bewertung der Effizienz und Effektivität des Transfer-Learnings hinsichtlich der Reduktion der Trainingsdatensatzlänge ermöglicht.

Der RMSE des Validierungsdatensatzes ändert sich für Trainingsdauern unter 24 h nicht, bzw. nur innerhalb einer konstanten Streuung. Dies trifft sowohl für das Training mit, als auch ohne Transfer-Learning zu. Für Trainingsdauern über 24 h sinkt der RMSE für beide Modelle. Dies bestätigt zunächst die zuvor gezeigten Untersuchungen zur Trainingsdatenlänge aus dem Bild 6.13. Das Ergebnis zeigt, dass sich der RMSE für beide Modellvarianten nicht signifikant unterscheidet. In vielen Fällen ist der RMSE für die Methode des Transfer-Learnings schlechter als der des konventionellen KNN. Das Transfer-Learning bietet somit für den untersuchten Anwendungsfall nicht den postulierten Mehrwert.

Die Ergebnisse der Auswertung für das Transfer-Learning mit dem Quelldemonstrator E sind in Bild 6.16 dargestellt.

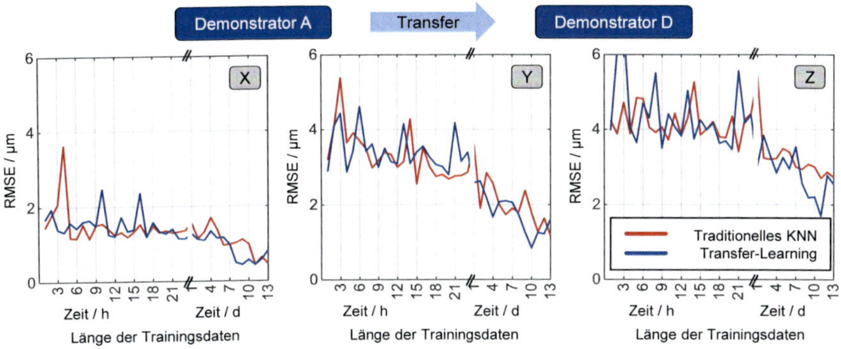

Bild 6.15: RMSE des Validierungsdatensatzes von Demonstrator D mit und ohne Transfer-Learning mit Quelldemonstrator A

RMSE for the validation data of Demonstrator D with and without transfer learning using source demonstrator A

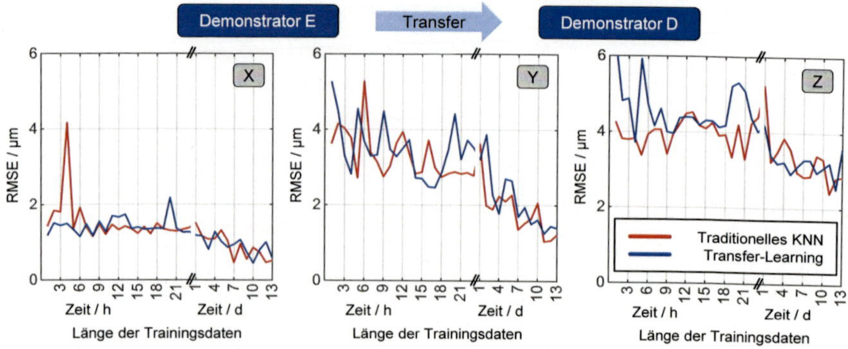

Bild 6.16: RMSE des Validierungsdatensatzes von Demonstrator D mit und ohne Transfer-Learning mit Quelldemonstrator E

RMSE for the validation data of Demonstrator D with and without transfer learning using source Demonstrator E

Die Ergebnisse bei der Nutzung von Quelldemonstrator E zeigen keinen signifikanten Unterschied zu den Ergebnissen bei Nutzung von Quelldemonstrator A. In beiden Fällen wird durch die Anwendung des Transfer-Learnings kein signifikanter Mehrwert in der Modellierung gebildet. Dieses Ergebnis steht im Widerspruch zu den in der Fachliteratur mit dem Transfer-Learning erzielten Ergebnissen. In der Fachliteratur können, wie in Kapitel 2 dargelegt, signifikante Mehrwerte dargelegt werden. Aufgrund der unzureichenden Darlegung der Methodik in der Literatur und der nicht gegebenen Vergleichbarkeit zwischen den Maschinentypen ist es schwierig, die Gründe für die widersprüchlichen Ergebnisse zu definieren.

Eine mögliche Erklärung für diesen Widerspruch könnte im Umfang und in der Qualität der verfügbaren Trainingsdaten des Quelldemonstrators liegen. Eine detaillierte Analyse dieser Daten wird in den Arbeiten der Fachliteratur oft nicht bereitgestellt. Es ist daher möglich, dass die in dieser Arbeit verwendeten Daten den Anforderungen des Transfer Learnings nicht vollständig gerecht werden. Dies könnte zu einer eingeschränkten Anpassungsfähigkeit des Transfermodells geführt und die beobachtete geringe Wirksamkeit der Methode in diesem Fall erklärt haben.

Für das Gesamtergebnis dieser Arbeit sind die unzureichenden Resultate jedoch unerheblich. Auch ohne den Einsatz des Transfer Learnings zeigt sich, dass der Trainingsdatensatz mit einer nur geringen Hauptzeitreduktion erstellt werden kann.

6.5 Zwischenfazit zu Kapitel 6

Interim summary for Chapter 6

In Kapitel 6 wurde eine umfangreiche Untersuchung zu den Eingangsdaten eines KNN zur Berechnung des thermo-elastischen Maschinenverhaltens dargelegt. Zunächst wurde für den Demonstrator A untersucht, mit welchen Verfahren die optimalen Daten für die Berechnung ausgewählt werden. Das Verfahren der Backward Elimination hat in Übereinstimmung mit den empirischen Untersuchungen aus Kapitel 5 maschineninterne Daten identifiziert, die sich im besonderen Maße zur Berechnung des thermo-elastischen Maschinenverhaltens eignen. Insbesondere sind die Encoderdifferenz und die Motortemperatur hervorzuheben, welche einen direkten Zusammenhang zum thermo-elastischen Maschinenverhalten aufweisen. Es zeigt sich, dass auch die Größen mit verzögertem Zusammenhang zum thermo-elastischen Maschinenverhalten, wie der Achsmotorstrom, die Achsgeschwindigkeit und die Achsposition, sich gut zur Modellierung eignen. In Kapitel 3 wurde bezüglich der im Modell genutzten Daten folgende Forschungshypothese aufgestellt.

Der Datensatz zum Training eines KNN zur Berechnung des thermo-elastischen Fehlers mit maschineninternen Daten kann ökonomisch sinnvoll prozessparallel erzeugt werden.

Bezüglich der Eingangsdaten des Modells kann die Hypothese verifiziert werden. Mit den in dieser Arbeit verwendeten maschineninternen Daten kann das thermo-elastische Maschinenverhalten abgebildet werden. Die maschineninternen Daten sind hierbei ohne Beeinflussung der Fertigung messbar.

Zur Verifizierung der Forschungshypothese bezüglich der Modellausgangsdaten wurde eine Untersuchung zur notwendigen Trainingsdatensatzlänge durchgeführt. Die Modellausgangsdaten sind nur durch eine Unterbrechung des Prozesses messbar. Daher ist die Anzahl der Messungen auf ein Minimum zu reduzieren. Anhand der Demonstratoren A und B konnte gezeigt werden, dass ab einer Trainingsdatensatzlänge von sieben Tagen eine stabile Modellierung möglich ist. Für die Demonstratoren A und B entspricht dies einer Gesamtdauer der Messzeit von 34,72 h bzw. 17,49 h. Eine Vergleichbarkeit zu den Modellen der Fachliteratur ist zwar nur bedingt gegeben. Dennoch wird deutlich, dass die Messzeit deutlich geringer als Modelle mit ähnlichen Korrekturergebnissen sind. Eine weitere Reduktion der Messzeit durch das Transfer-Learning konnte nicht erzielt werden. Aufgrund der schon geringen Messzeit des aktuellen Modells ist eine weitere Reduktion für eine industrielle Anwendung jedoch auch nicht weiter notwendig.

7 Validierung, Anwendung und Analyse

Validation, application and analysis

Die Ergebnisse aus Kapitel 6 zeigen, dass es möglich ist, den Datensatz zum Training eines KNN effizient prozessparallel zu erzeugen. Insbesondere durch Selektion geeigneter Eingangsdaten kann das KNN praxistauglich trainiert werden. Mit dem Modell kann nun der thermo-elastische TCP-Fehler berechnet werden. Im Vergleich mit den Modellen, die in der aktuellen Fachliteratur aufgezeigt und bei denen zusätzliche Sensoren verwendet werden, kann die Vermutung entstehen, dass das in dieser Arbeit entwickelte Modell, mit dem Verzicht auf zusätzliche Sensoren, unzulängliche Berechnungsergebnisse aufweist. Hierzu wurde in Kapitel 3 die Forschungshypothese aufgestellt, dass die Qualität des Modellergebnisses ausreichend ist, um in realen Prozessen eine Qualitätsverbesserung zu erzielen. Das Ziel dieses Kapitels ist die Validierung dieser Hypothese. Bild 7.1 zeigt das Vorgehen zur Erreichung des Ziels.

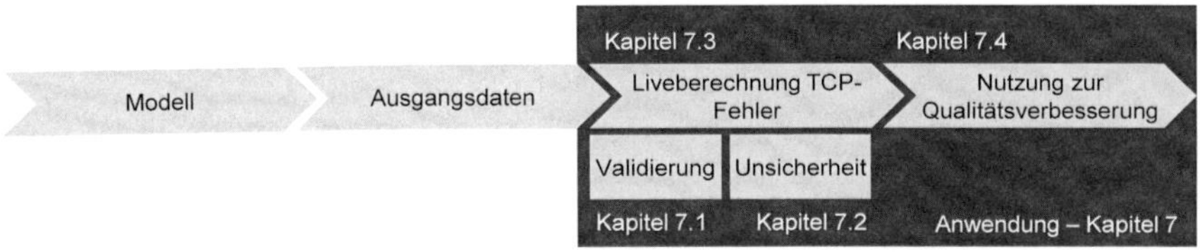

Bild 7.1: Übersicht Abschnitt 0
Overview Section 0

Zunächst wird in Abschnitt 7.1 eine Validierung der Modellergebnisse anhand der drei Demonstratoren dargestellt. Aufbauend hierauf wird in Abschnitt 7.3 eine Methodik eingeführt, mit der die Unsicherheit des Berechnungsergebnisses vom KNN mithilfe von sogenannten Ensemble-Networks bestimmt werden kann.

Das Modell ist in der Lage, in einem Zeitintervall von zehn Minuten die TCP-Verlagerung zu berechnen. In Abschnitt 7.4 wird eine Methodik vorgestellt, mit der auch zwischen den in diesem Modell festgelegten Zeitintervallen von zehn Minuten, TCP-Verlagerungen berechnet und ausgewertet werden können. Diese Methodik wird dann zum Abschluss der Arbeit in Abschnitt 7.5 anhand eines Bauteils angewendet, um an diesem eine Qualitätsverbesserung zu erzielen.

7.1 Validierung der Modellergebnisse mithilfe der Demonstratoren

Validation of the model results using the demonstrators

Im Rahmen der Arbeit wurde das Modell zur Berechnung des thermo-elastischen Fehlers an drei verschiedenen Werkzeugmaschinen angewendet. In diesem Abschnitt wird für jede Maschine anhand eines Validierungsdatensatzes bestimmt, wie groß der

Modellierungsfehler ist. Dieser Modellierungsfehler wird jeweils anhand eines separaten Validierungsdatensatzes bestimmt, welcher separat vom Trainingsdatensatz aufgezeichnet und nicht für das Training verwendet wird.

Für Demonstrator A wurde ein Validierungsdatensatz mit einer Dauer von drei Tagen aufgezeichnet. In Bild 7.2 ist das Modellergebnis für die Dauer eines der drei Tage dargestellt. Es sind die Offsetfehler (EX, EY, EZ), die Positionierfehler (EXX, EYY) und die Rechtwinkligkeitsfehler (EC0Y, EA0Y, EC0X, EB0X) der Werkzeugmaschine abgebildet.

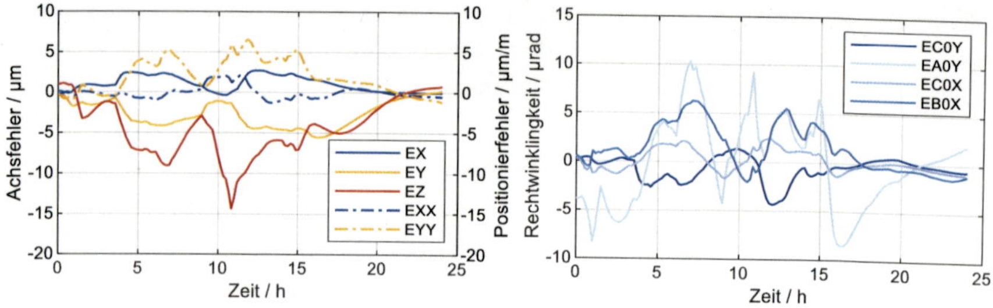

Bild 7.2: Modellierung der Achsfehler an Demonstrator A
Modelling the axis errors on demonstrator A

Das Bild zeigt, dass die verschiedenen Achsfehler eine unterschiedliche Höhe und somit einen unterschiedlichen Anteil am Gesamtfehler haben. Die Positionierfehler und die Rechtwinkligkeitsfehler sind poseabhängig. Sie wirken sich in Abhängigkeit der Maschinenpose auf den TCP-Fehler aus. In Bild 7.3 werden die berechneten Fehler aus Bild 7.2 in translatorische Fehler am TCP, bezogen auf die Maschinenpose an Kugelposition 5, transformiert und mit dem Messergebnis an Kugelposition 5 verglichen.

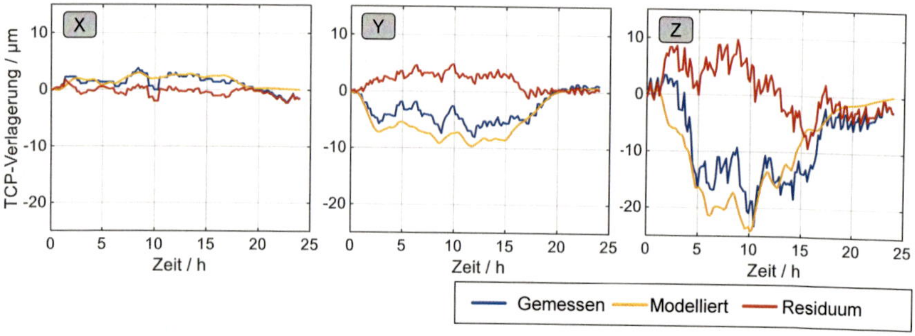

Bild 7.3: Validierung des KNN an Demonstrator A
Validation of the ANN on demonstrator A

Die TCP-Verlagerung an Kalibrierkugel 5 prägt sich in den verschiedenen Richtungen unterschiedlich aus. In X-Richtung ist die Verlagerung kleiner als 5 µm und somit als sehr gering zu bewerten. In Y-Richtung beträgt die Verlagerung weniger als 10 µm und in Z-Richtung ist die Verlagerung mit unter 25 µm als groß zu bewerten. Der Verlauf der thermo-elastischen TCP-Verlagerung kann durch das Modell präzise abgebildet werden. Insbesondere kurzfristige Veränderungen der TCP-Position sind für die Bearbeitungsgenauigkeit einer Werkzeugmaschine relevant, da diese während der Bearbeitung eines Bauteils auftreten können und so zu einem Bearbeitungsfehler führen. Diese kurzfristigen Veränderungen sind unter anderem bei der Verlagerung in Z-Richtung zum Zeitpunkt 5 h und 10 h zu erkennen. In Tabelle 7.1 sind die Kennwerte des gemessenen TCP-Fehlers und des Residuums nach der Korrektur dargestellt. Bei den ermittelten Größen werden alle drei Tage des Validierungsdatensatzes zusammengefasst. Hierbei bezeichnet die Zeile „Durchschnitt“ das arithmetische Mittel, die Zeile „RMSE“ den Root Mean Square Error und die Zeile „P2P“ den Peak-to-Peak-Wert (Differenz zwischen maximalen und minimalen TCP-Fehler) des TCP-Fehlers. Alle Kennwerte beziehen sich auf die komplette Länge des Validierungsdatensatzes von drei Tagen. Die Kennwerte sind jeweils für die Koordinatenrichtungen der Maschinenachsen, als auch für den Gesamtfehler im Raum aufgeschlüsselt. Die Kennwerte in Tabelle 7.1 sowie den folgenden Tabellen 7.2 und 7.3 basieren auf den folgenden Berechnungen in den Formeln 7.1 – 7.6.

Durchschnitt am Beispiel der X-Achse:

$$D_{Residuum} = \frac{\sum_{i=1}^{n}(\Delta X_{5,i,m} - \Delta X_{5,i,b})}{n} \text{ und} \tag{7.1}$$

$$D_{gemessener\ Fehler} = \frac{\sum_{i=1}^{n}(\Delta X_{5,i,m})}{n} \text{ mit} \tag{7.2}$$

D: Ermittelter Kennwert „Durchschnitt“

$\Delta X_{5,i}$: Thermo-elastischer Fehler an Kugel 5 in X-Richtung zum Zeitpunkt i

n: Gesamtanzahl der berücksichtigten thermo elastischen Fehler

m: Index für gemessene Fehler

b: Index für modellierte Fehler

RMSE am Beispiel der X-Achse:

$$RMSE_{Residuum} = \sqrt{\frac{1}{n}\sum_{i=1}^{n}\left(\left(\Delta X_{5,i,m} - \Delta X_{5,i,b}\right)^2\right)} \text{ und} \tag{7.3}$$

$$RMSE_{gemesser\ Fehler} = \sqrt{\frac{1}{n}\sum_{i=1}^{n}\left(\left(\Delta X_{5,i,m}\right)^2\right)} \text{ mit} \tag{7.4}$$

$RMSE$: Ermittelter Kennwert „Root Mean Square Error“
$\Delta X_{5,i}$: Thermo-elastischer Fehler an Kugel 5 in X-Richtung zum Zeitpunkt i
n: Gesamtanzahl der berücksichtigten thermo-elastischen Fehler
m: Index für gemessene Fehler
b: Index für modellierte Fehler

P2P am Beispiel der X-Achse:

$$P2P_{Residuum} = max(\Delta X_{5,i,m} - \Delta X_{5,i,b}) - min(\Delta X_{5,i,m} - \Delta X_{5,i,b}) \text{ und} \tag{7.5}$$

$$P2P_{Gemessener\ Fehler} = max(\Delta X_{5,i,m}) - min(\Delta X_{5,i,m}) \text{ mit} \tag{7.6}$$

$P2P$: Ermittelter Kennwert „Peak to Peak“
$\Delta X_{5,i}$: Thermo-elastischer Fehler an Kugel 5 in X-Richtung zum Zeitpunkt i
n: Gesamtanzahl der berücksichtigten thermo-elastischen Fehler
m: Index für gemessene Fehler
b: Index für modellierte Fehler

Tabelle 7.1: Modellierungsergebnisse an Demonstrator A
Model results on demonstrator A

Demonstrator A	X			Y			Z			Gesamtfehler		
	Gemessener Fehler / µm	Residuum / µm	Prozentuale Änderung / %	Gemessener Fehler / µm	Residuum / µm	Prozentuale Änderung / %	Gemessener Fehler / µm	Residuum / µm	Prozentuale Änderung / %	Gemessener Fehler / µm	Residuum / µm	Prozentuale Änderung / %
Durchschnitt	1,24	0,87	29,8	2,52	1,97	21,8	6,48	3,19	50,7	7,06	3,85	45,5
RMSE	1,51	1,12	25,8	3,08	2,85	7,4	8,15	3,99	51,0	8,84	5,03	43,1
P2P	5,86	3,14	46,4	9,38	8,74	6,8	26,63	23,56	11,5	28,84	25,32	12,2

Der thermo-elastische Fehler wird durch die Korrektur in allen Bewertungsgrößen reduziert. Insbesondere der sehr hohe Fehler in Z-Richtung erfährt durch die Korrektur eine deutliche Reduktion im RMSE um mehr als 50 %. Der thermo-elastische Gesamtfehler wird um 43,1 % reduziert. Dies belegt, dass eine Korrektur des TCP-Fehlers mit dem entwickelten KNN in einer Forschungsanwendung den thermo-elastischen Fehler signifikant reduzieren kann.

Das von Wennemer [WENN18] entwickelte Modell erzielt an zwei Forschungsdemonstratoren eine Verbesserung der TCP-Verlagerung von 42,3 ± 6,6 µm auf 12,5 ± 3,8 µm bzw. 24,5 ± 8 µm auf 12,1 ± 2,8 µm, was einer Verbesserung um 71 % bzw. 51 % entspricht. Im Vergleich dazu liegt die Korrekturgüte in dieser Arbeit nur unwesentlich darunter. Der Aufwand zum Einsatz des Modells aus der vorliegenden Arbeit in einer WZM ist wesentlich geringer und die verwendeten Messmittel sind kostengünstiger. Bei Wennemer muss das Modell durch kontinuierliche Messung des TCP-Fehlers von mehr als einer Woche mit kostenintensiven Tracking-Interferometern parametriert werden. Demgegenüber müssen bei dem in dieser Arbeit entwickelten KNN nur alle zehn Minuten Messkugeln im Arbeitsraum während der Fertigung vermessen und die maschineninternen Daten aufgezeichnet werden. Das in dieser Arbeit entwickelte Modell weist somit eine höhere Anwendbarkeit im industriellen Kontext auf.

An Demonstrator B erfolgen die Messungen während der laufenden Produktion. Das thermo-elastische Maschinenverhalten ist hier deutlich abhängig davon, welche Bauteile auf der Maschine produziert werden. Die Werkzeugmaschine ist jeweils für eine Schicht pro Tag in Betrieb und wird danach abgeschaltet, sodass die Abkühlphase nicht mit aufgenommen werden kann. In Bild 7.4 sind die TCP-Verlagerungen an Kalibrierkugel 1 für zwei Tage an der Demonstratormaschine dargestellt. Es handelt sich jeweils um Tage aus dem Validierungsdatensatz der Maschine, welche nicht für das Model-Training verwendet wurden.

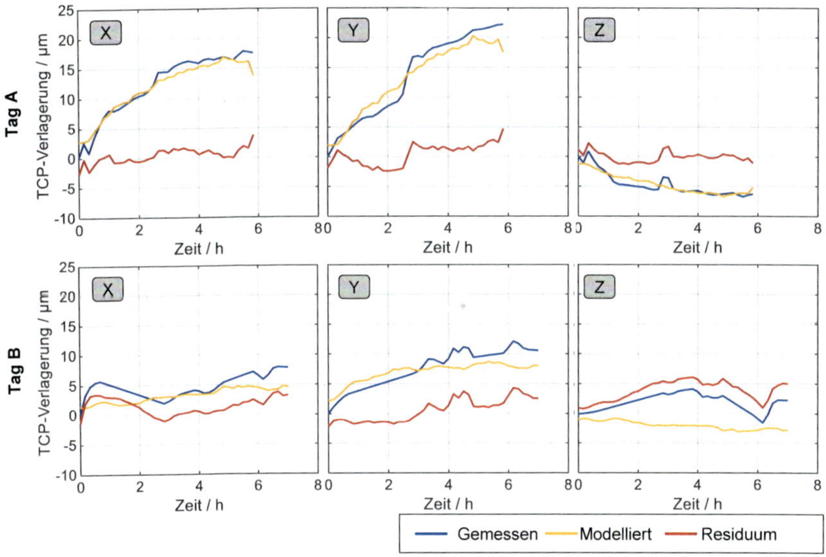

Bild 7.4: Validierung des KNN an Demonstrator B

Validation of the ANN on demonstrator B

Für die beiden Tage ergeben sich deutlich unterschiedliche TCP-Verlagerungen. Am Tag A ergibt sich ein kontinuierlicher Anstieg der TCP-Verlagerung in X- und Y-Richtung, während die Verlagerung in Z-Richtung mit unter 7 µm klein ist. Am Tag B ergibt sich nur eine ähnlich kleine Verlagerung in Y-Richtung. In X-Richtung ist die Verlagerung deutlich kleiner.

Zusammenfassend kann die TCP-Verlagerung präzise berechnet werden. Eine Ausnahme hierzu bildet die TCP-Verlagerung in Z-Richtung am Tag B. Hier wird die TCP-Verlagerung nicht genau berechnet, sodass das Residuum sogar bis zu 2,5 µm größer ist als der Initialfehler. Dies ist darauf zurückzuführen, dass die Trainingsdaten und die Validierungsdaten in diesem Fall nicht ähnlich genug sind und somit einen neuen Lastfall bilden, der nicht ausreichend trainiert wurde. Es gibt Methoden, mit denen es möglich ist, zu erkennen, ob dies der Fall ist. Eine dieser Methoden ist die sogenannte Ensemble-Networks-Methode, welche neben dem Ergebnis noch einen Unsicherheitsbetrag berechnet. Diese Unsicherheitsbetrachtung mit Ensemble-Networks wird im folgenden Abschnitt 7.3 betrachtet.

In Tabelle 7.2 sind die Kennwerte des gemessenen TCP-Fehlers und des Residuums nach einer Korrektur an Demonstrator B dargestellt. Bei den ermittelten Größen werden die drei Tage des Validierungsdatensatzes zusammengefasst.

Tabelle 7.2: Modellierungsergebnisse an Demonstrator B
Model results on demonstrator B

Demonstrator B	X			Y			Z			Gesamtfehler		
	Gemessener Fehler / µm	Residuum / µm	Prozentuale Änderung / %	Gemessener Fehler / µm	Residuum / µm	Prozentuale Änderung / %	Gemessener Fehler / µm	Residuum / µm	Prozentuale Änderung / %	Gemessener Fehler / µm	Residuum / µm	Prozentuale Änderung / %
Durchschnitt	8,11	0,25	96,9	7,59	1,39	81,7	1,13	1,46	-29,2	11,16	2,03	81,8
RMSE	9,58	1,71	82,2	8,81	2,25	74,5	3,43	2,80	18,4	13,46	3,98	70,4
P2P	17,88	8,63	51,7	22,66	7,12	68,6	10,87	8,55	21,3	30,84	14,08	54,3

An Demonstrator C findet während der Messungen eine Produktion von Prototypen-Bauteilen statt. Bei den Bauteilen werden Oberflächen bei variierenden Zustellungen und Vorschüben abgezeilt. Die dominierende Richtung, in der abgezeilt wird, variiert in der X-Y-Ebene zwischen 0° und 90°. Dieser Winkel beeinflusst die durchschnittliche Verfahrgeschwindigkeit der X- und Y-Achse signifikant, was dazu führt, dass sich der Wärmeeintrag der Motoren in die Struktur ebenfalls verändert. In Bild 7.5 sind die TCP-Verlagerungen für einen Tag an der Demonstratormaschine dargestellt. Es handelt sich hierbei um einen Tag aus dem Validierungsdatensatz der Werkzeugmaschine, welcher nicht für das Training des Modells verwendet wurde.

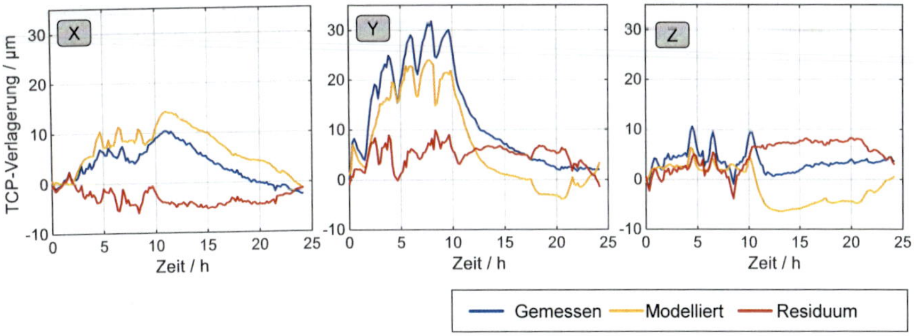

Bild 7.5: Validierung des KNN an Demonstrator C
Validation of the ANN on demonstrator C

Die berechnete TCP-Verlagerung an der untersuchten Kalibrierkugel bildet die gemessene TCP-Verlagerung präzise ab. Eine Ausnahme bildet hier die thermo-elastische Verlagerung der Z-Achse für die Zeit während der Maschinenabkühlung. Hier ist analog zu der Demonstratormaschine B eine Verschlechterung durch die Anwendung des Modells zu erkennen. Dies ist ebenfalls in den extrahierten Kennwerten in Tabelle 7.3 erkennbar.

Tabelle 7.3: Modellierungsergebnisse an Demonstrator C
Model results on demonstrator C

Demonstrator C	X			Y			Z			Gesamtfehler		
	Gemessener Fehler / µm	Residuum / µm	Prozentuale Änderung / %	Gemessener Fehler / µm	Residuum / µm	Prozentuale Änderung / %	Gemessener Fehler / µm	Residuum / µm	Prozentuale Änderung / %	Gemessener Fehler / µm	Residuum / µm	Prozentuale Änderung / %
Durchschnitt	3,60	0,57	84,2	12,34	1,04	91,6	3,55	4,04	-13,8	13,34	2,64	80,2
RMSE	5,08	1,36	73,2	15,66	3,90	75,1	4,13	4,61	36,8	16,97	4,89	71,2
P2P	12,83	6,21	51,6	31,77	17,37	45,3	12,15	13,97	-15,0	36,35	23,15	36,3

7.2 Untersuchung des Abbildungsfehlers in Z-Richtung

Investigation of the model error in Z direction

Aus den dargestellten Ergebnissen zeigt sich, dass die Berechnungsqualität des Modells besonders an Demonstrator B und C in X- und Y-Richtung mit einer Verbesserung des RMSE von mehr als 75 % als sehr hoch zu bewerten ist. Demonstrator A weist hier eine niedrigere prozentuale Verbesserung auf, da der Initialfehler in X- und Y-Richtung hier mit einem RMSE von 1 µm in X- und 3 µm in Y-Richtung sehr gering ist.

In Z-Richtung ist das Ergebnis umgekehrt. Demonstrator A weist hier ein sehr gutes Korrekturergebnis auf, während sich an den Demonstratoren B und C im durchschnittlichen Fehler sogar eine Verschlechterung und im RMSE nur eine leichte Verbesserung durch die Korrektur einstellt. Der Unterschied zwischen den Demonstratoren ist, dass an Demonstrator A keine Bearbeitung stattfindet, die weitere Wärme in die Spindel einbringt.

An Demonstrator C konnte der Messtaster nur mit einem Adapterstück betrieben werden. Dieses Adapterstück ist aus Stahl und weist einen hohen Ausdehnungskoeffizienten auf. Durch die Bearbeitung des Bauteils wird Wärme in die Spindel eingebracht. Beim Einwechseln des Tasters fließt diese Wärme in das kalte Adapterstück, wodurch dieser sich erwärmt und in Z-Richtung ausdehnt, was die Ergebnisse beeinflusst. Um dies zu verifizieren, wird ein Versuch durchgeführt, bei dem die Maschinenspindel zunächst durch Drehung in der Luft bei konstanter Drehzahl für zehn Minuten erwärmt wird. Anschließend wird der Taster eingewechselt und die Bewegung der Tastspitze mithilfe von digitalen Messuhren (LVDT-Sensoren) aufgezeichnet. Während in X- und Y-Richtung die Absolutverlagerung der Tastspitze gemessen wird, wird die Längung des Tastersystems in Z-Richtung durch eine Differenzmessung zur Spindel ermittelt. Der Versuch wird für verschiedene Drehzahlen zur Erwärmung des Tastersystems wiederholt. Die Ergebnisse sind in Bild 7.6 dargestellt.

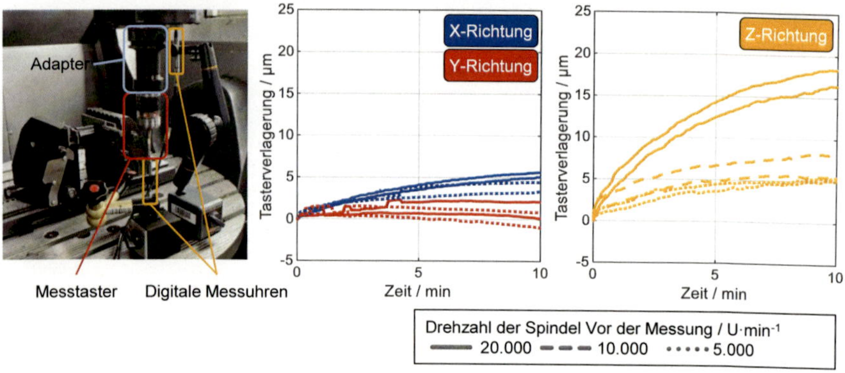

Bild 7.6: Bewegung der Tastspitze nach dem Einwechseln des Tasters
Movement of the touch probe tip after insertion in the tool shank

Die Ergebnisse des Versuchs bestätigen die Ursache für die höhere Berechnungsgenauigkeit des Modells in X- und Y-Richtung. In diesen Richtungen bewegt sich die Tastspitze mit weniger als 7 µm nach zehn Minuten nur sehr wenig. In Z-Richtung bewegt sie sich mit bis zu 18 µm nach zehn Minuten deutlich mehr. Die Varianz in der Bewegung abhängig von der vorherigen Spindeldrehzahl ist ebenfalls deutlich höher, was zu einer Unsicherheit bei der Messung führen kann. Dies führt dazu, dass hier eine hohe Unsicherheit auf der Messung in Z-Richtung liegt, wodurch die Modellparametrierung in Z-Richtung schlechter ist. Der besondere Stellenwert des thermo-elastischen Verhaltens des Spindelsystems ist in der Literatur bekannt, weshalb sich eine Vielzahl von Forschungsprojekten auf die Modellierung dieses Systems fokussieren. Modellierungen des Spindelsystems sind aktueller Stand der Technik (vgl. Kapitel 2) und haben schon Einzug in die Praxis gefunden. Eine Kombination von einem solchen Modell zum thermo-elastischen Verhalten der Spindel mit dem in dieser Arbeit vorgestellten Ansatz kann eine weitere Verbesserung der Modellierungsgüte in Z-Richtung erzielen.

7.3 Ensemble-Networks zur Abschätzung der Modellunsicherheit

Ensemble networks for estimating the model uncertainty

Ergebnisse von KNN können im Training und der Validierung mit den gemessenen Größen verglichen und ein Modellfehler berechnet werden. Mithilfe der berechneten Modellfehler des Validierungsdatensatzes wird die generelle Unsicherheit des KNN abgeleitet. Beim Einsatz des KNN wird die modellierte TCP-Verlagerung nicht mehr durch einen gemessenen Vergleichswert abgeglichen, sodass der aktuelle Modellierungsfehler nicht vorliegt. In der Fachliteratur gibt es Ansätze, mit denen eine aktuelle Berechnungssicherheit angegeben werden kann. Ein viel betrachteter Ansatz sind die Ensemble-Networks, welche sich die Modellabweichungen infolge der zufälligen Startparameter der KNN zunutze machen.

Bei dem Training von KNN werden für die Parameter des Netzes, wie beispielsweise die Kantengewichte, zufällige Startwerte verwendet. Diese zufälligen Startparameter sorgen dafür, dass ein KNN, auch wenn es mit den gleichen Daten trainiert wird, bei jeder Trainingsiteration andere Kantengewichte aufweist, wodurch sich das Ergebnis dieser Netze unterscheidet. Dies trifft insbesondere auf Bereiche der Eingangsdaten zu, in denen sich wenige Trainingsdaten befinden. Bild 7.7 zeigt, wie dieser Effekt bei Ensemble-Netzwerken genutzt wird, um eine lokale Unsicherheit abzuleiten.

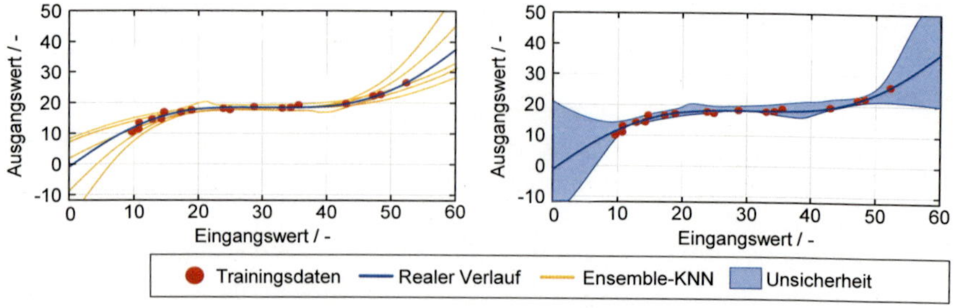

Bild 7.7: Ergebnis eines Ensemble-Netzwerks in Anlehnung an Lakshminarayanan et al. [LAKS16].

Result of an ensemble network according to Lakshminarayanan et al. [LAKS16]

An den Rändern der Funktion liegen weniger Datenpunkte im Trainingsdatensatz vor. Daher ist die Streuung der KNN an diesen Stellen größer. Die im rechten Bild eingetragene Standardabweichung der KNN ist dementsprechend in den Bereichen, in denen weniger Trainingsdaten vorliegen, größer als in den Bereichen, in denen mehr Trainingsdaten vorliegen. Die Methodik zur Bestimmung der Unsicherheit mit Ensemble-KNN wird im Folgenden auf die Validierungsdatensätze aus Abschnitt 7.1 angewendet.

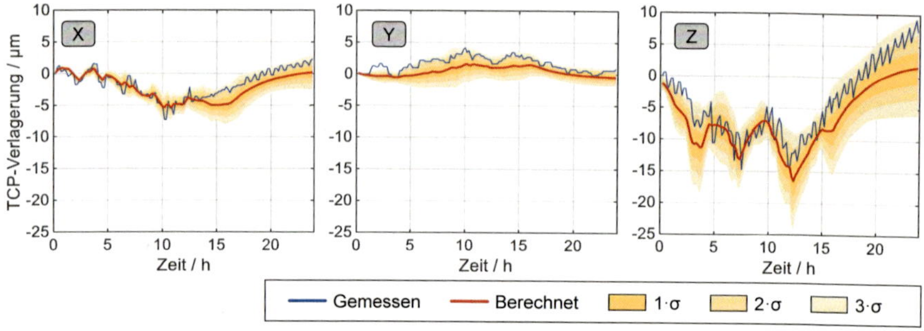

Bild 7.8: Berechnungsunsicherheit an Demonstrator A

Computation uncertainty on demonstrator A

Mit dem dargestellten Verlauf der mit dem Ensemble-Netzwerk berechneten Unsicherheit ist zu jedem Zeitpunkt quantifizierbar, wie verlässlich die Vorhersage auf Basis der Trainingsdaten ist. Insbesondere, wenn die Abweichung zwischen der gemessenen und berechneten TCP-Verlagerung vorliegt, sollte die berechnete Unsicherheit ebenso groß sein. Andersherum ist es jedoch möglich, dass bei einer hohen Unsicherheit das berechnete Ergebnis gut mit dem gemessenen übereinstimmt. In Bild 7.9 ist die mit dem Ensemble-KNN berechnete zweifache Standardabweichung der Unsicherheit in Abhängigkeit des tatsächlichen Modellierungsfehlers dargestellt. Weiterhin sind im

Bild die Hüllkurven eingezeichnet, die zeigen, welcher Anteil an Messpunkten innerhalb der Hüllkurven liegt.

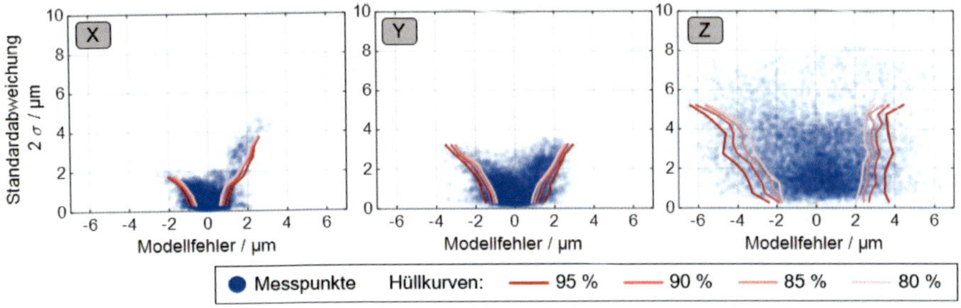

Bild 7.9: Berechnungsunsicherheit abhängig vom Modellierungsfehler an Demonstrator A
Computation uncertainty depending on modeling error on demonstrator A

Anhand der Messpunkte in Y-Richtung ist erkennbar, dass ein guter Zusammenhang zwischen der ermittelten zweifachen Standardabweichung und dem Modellfehler vorliegt. Bei einer zweifachen Standardabweichung von 2 µm ergibt sich mit einer hohen Wahrscheinlichkeit ein Modellfehler von 2 µm. Für größere ermittelte Standardabweichungen steigt dieser Fehler und für kleinere ermittelte Standardabweichungen sinkt er. Dieser Zusammenhang ist ebenfalls für Fehler in X-Richtung und Fehler in negativer Z-Richtung gegeben. Nur für Fehler in positiver Z-Richtung ist der Zusammenhang nicht ausreichend gegeben. Hier liegt der Modellfehler unabhängig von der ermittelten Standardabweichung mit großer Wahrscheinlichkeit unter 3 µm.

7.4 Echtzeitberechnung des TCP-Fehlers und industrietaugliche Anwendung

Real-time computation of the TCP error and industrial application

Das KNN berechnet alle zehn Minuten den thermo-elastischen Fehler. Da ein vollständiger Datensatz von zehn Minuten notwendig ist, um ein Berechnungsergebnis zu erhalten, führt dies zu einem Sprung des Ergebnisses bei jeder neuen Berechnung. Bei einer A-posteriori-Berechnung der TCP-Verlagerung kann zwar zwischen den Berechnungsintervallen interpoliert werden. Bei einer Live-Berechnung des Fehlers ist die Interpolation nicht möglich, da der zukünftige Wert nicht berechnet werden kann, sodass Sprünge entstehen. Solche Sprünge entsprechen nicht der Situation im tatsächlichen Prozess und können bei der Verwendung des Modellsystems für eine Korrektur der TCP-Verlagerung Defekte am Werkstück verursachen. Bild 7.10 zeigt das Vorgehen, mit dem die TCP-Verlagerung kontinuierlich zu jedem Zeitpunkt berechnet werden kann.

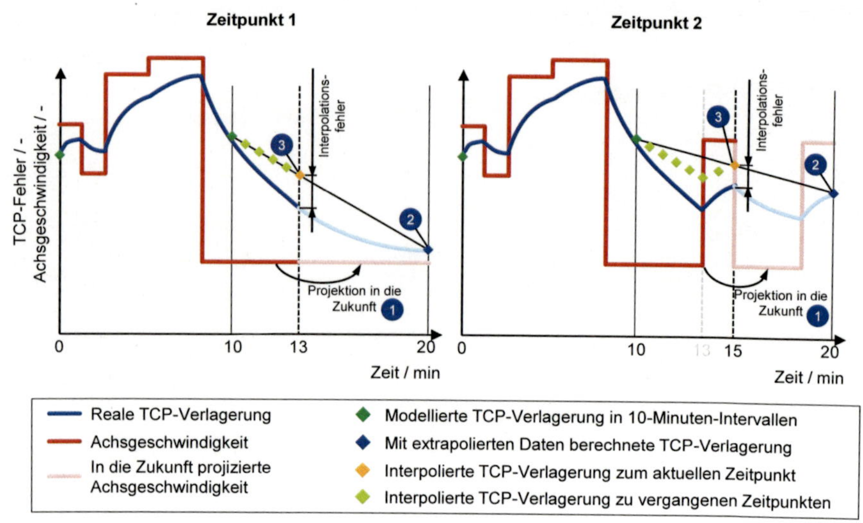

Bild 7.10: Kontinuierliche Berechnung der TCP-Verlagerung
Continuous computation of the TCP displacement

Zur Berechnung der aktuellen TCP-Verlagerung zwischen den zehnminütigen Intervallen wird zwischen der letzten berechneten und der zukünftigen TCP-Verlagerung interpoliert. Dabei tritt das Problem auf, dass die zukünftigen realen Belastungen auf die Maschine bisher nicht bekannt sind. Ein Satzvorlauf könnte zwar in bestimmten Situationen die zukünftigen Belastungen abschätzen, ist jedoch insbesondere für komplexe und oft ändernde Maschinenbewegungen nicht ausreichend, da der Satzvorlauf nur wenige Sekunden und nicht wie gefordert bis zu zehn Minuten in die Zukunft sehen kann. Daher werden die Lasten des angebrochenen zehnminütigen Intervalls in die Zukunft projiziert (1), sodass das Zehn-Minuten-Intervall vollständig ist. Mit dem vollständigen Zehn-Minuten-Intervall an Daten kann die TCP-Verlagerung für das Ende des aktuellen Zehn-Minuten-Intervalls berechnet werden (2). Anschließend wird zwischen der zukünftigen und der letzten berechneten TCP-Verlagerung interpoliert (3).

In der Abbildung ist auf der rechten Seite dargestellt, was passiert, wenn sich die thermische Last auf der Maschine innerhalb eines Abschnitts sprunghaft ändert. Nun wird die veränderte Last inklusive der sprunghaften Änderung in die Zukunft projiziert und die Verlagerung am Ende des Zehn-Minuten-Intervalls berechnet. Durch die Interpolation zum aktuellen Zeitpunkt wird dann die aktuelle TCP-Verlagerung berechnet. Es ist zu beachten, dass sich kein Sprung in der TCP-Verlagerung ergibt.

Mit der vorgestellten Methodik kann mit dem KNN, welches auf das starre Berechnungsintervall von zehn Minuten trainiert wurde, zu jedem Zeitpunkt der thermo-elastische TCP-Fehler berechnet werden. Das vorgestellte KNN zur Berechnung des thermo-elastischen TCP-Fehlers weist eine Berechnungsdauer von unter 1 s. Die Berechnung kann somit in einem Rechenintervall von wenigen Sekunden wiederholt werden. Auf diese Weise ergibt sich ein kontinuierlicher Verlauf der TCP-Verlagerung ohne Sprünge.

Das KNN berechnet die Achsfehler nach DIN ISO 230-2 [DIN99]. Diese Achsfehler können verwendet werden, um den thermo-elastischen Fehler zu korrigieren. Dies ist mithilfe von bestehenden Korrekturtabellen zur Korrektur des geometrischen Maschinenfehlers möglich. Mithilfe des Volumetric Compensation Systems (VCS) der Firma Siemens können die Achsfehler nach DIN ISO 230-2 direkt in der Steuerung hinterlegt werden [SIEM10]. Ein solches System wurde von Dehn et al. an einem Bearbeitungszentrum erfolgreich angewendet [DEHN23].

Solche direkten Methoden zur Korrektur des thermo-elastischen Fehlers werden in der industriellen Praxis kaum angewendet. Dies kann am mangelnden Vertrauen der Industrie in die Modelle der Fachliteratur liegen. Darüber hinaus werden die Modelle der Fachliteratur oft nur für wenige Bearbeitungsszenarien validiert. Im industriellen Kontext muss ein Modell zur Bestimmung des thermo-elastischen Maschinenverhaltens unter vielen verschiedenen Bearbeitungsszenarien ein zuverlässiges Ergebnis berechnen können. Bei einem Fehlerverhalten des Modells können schnell große monetäre Schäden entstehen, wenn sich hierdurch der Ausschuss erhöht.

7.5 Methoden zur Nutzung des berechneten TCP-Fehlers

Methods for usage of the computed TCP-Error

Um das entwickelte Modell des TCP-Fehlers in einem industriellen Kontext nutzbringend einzusetzen, wird im folgenden Abschnitt ein Ansatz zur Erstellung eines digitalen Zwillings entwickelt, der es ermöglicht, den thermo-elastischen Fehler eines Werkstücks präzise zu visualisieren und dadurch die Fehleranalyse im Fertigungsprozess zu unterstützen.

Diese Methode zielt darauf ab, das Modell des thermo-elastischen Fehlers über Prozessvisualisierung und Simulation direkt in die Praxis zu integrieren. Damit steht eine zuverlässige und wirtschaftliche Lösung zur Verfügung, die den Anforderungen der Industrie 4.0 gerecht wird. Die Implementierung erlaubt eine Fehleranalyse ohne die Risiken einer direkten Korrektur der TCP-Position.

Im Rahmen der unter dem Oberbegriff „Industrie 4.0" geprägten Forschungsthemen zur Digitalisierung des Produktionsumfelds, gibt es verschiedene Ansätze zur Erstellung eines digitalen Zwillings von Werkstücken. In den Forschungen hat sich der Mehrwert der Prozessvisualisierung als Verfahren zur Fehleranalyse in den Vordergrund gestellt [BERG20]. Mit dem in dieser Arbeit erstellten Modell ist die Erstellung eines solchen digitalen Zwillings des thermo-elastischen Fehlers und die damit einhergehende Visualisierung des Fehlers möglich. Die Implementierung bietet ein hohes Potenzial für einen ökonomischen Einsatz von thermo-elastischen Fehlermodellen in der Industrie. Die Lösung ist kostengünstig umsetzbar und beinhaltet kein Risiko eines erhöhten Ausschusses bei einer Fehlfunktion des Modells, da die TCP-Position nicht korrigiert wird.

Zur Erstellung eines digitalen Zwillings von Werkstücken bezüglich des thermo-elastischen TCP-Fehlers wird auf Forschungsergebnisse von Brecher et al., Königs et al. und Wellmann aufgebaut [WELL19], [BREC20a], [BREC20b], [KÖNI18], [WITT19], [DENK19], [REIS19]. In diesen Arbeiten wurde eine digitale Abtragssimulation entwickelt. Bei dieser Abtragssimulation wird ein Bauteil mit stabförmigen Elementen vernetzt. Anschließend wird mithilfe einer Durchdringungssimulation zwischen den Stabelementen und einem als Volumenelement vorliegendem Werkzeug das Abtragsvolumen ermittelt, indem das digitale Werkzeug die Stabelemente schneidet. Die Position des Werkzeugs wird dabei mithilfe der direkten Wegmesssysteme bestimmt.

Die bestehende Abtragssimulation wird erweitert, um den thermo-elastischen Maschinenfehler zu berücksichtigen. Hierfür wird das in der Arbeit entwickelte Gesamtmodell verwendet, um die thermo-elastische TCP-Verlagerung während der Bearbeitung eines Referenzbauteils zu berechnen und somit die Position des Werkzeugs unter Berücksichtigung aller Fehler zu ermitteln. Die Software kann somit nach der Erweiterung in dieser Arbeit einen digitalen Zwilling der thermo-elastischen Bearbeitungsfehler am Werkstück darstellen.

Zur Darstellung des thermo-elastischen Fehlers mithilfe des digitalen Zwillings und zur Validierung des Modells anhand von Werkstücken wird ein Referenzbauteil konstruiert, mit dem der thermo-elastische Fehler bestimmt werden kann. Das Bauteil ist in Bild 7.11 dargestellt.

Das Referenzbauteil wird neben den realen Bauteilen, die produktiv auf der Maschine gefertigt werden, im Arbeitsraum montiert. Zu Schichtbeginn werden die in der Abbildung dargestellten Referenzflächen gefertigt. Danach beginnt die Bearbeitung der Bauteile, die auf der Maschine produziert werden. Verteilt über die Arbeitsschicht werden dann am Referenzbauteil Messschnitte durchgeführt. Bei einem Messschnitt wird eine Fläche gefertigt. Die Messschnitte werden mit einer Zustellung von 0,1 mm in Bezug zur jeweiligen Referenzfläche bei einem geringen Vorschub durchgeführt. Durch die geringe Zustellung kann davon ausgegangen werden, dass die Bearbeitungskräfte und somit die durch eine Fräserabdrängung resultierenden Bearbeitungsfehler vernachlässigbar klein sind. Der thermo-elastische Fehler der Messschnitte wird immer in Relation zur Referenzfläche berechnet. Da diese Flächen jeweils sehr nah nebeneinander liegen, können poseabhängige geometrische Fehler ebenfalls als vernachlässigbar klein angenommen werden. Der gesamte an den Flächen gemessene Bearbeitungsfehler ist somit auf den thermo-elastischen Fehler zurückzuführen. Es werden zwei Arbeitsschichten an der Demonstratormaschine mit jeweils einem Referenzbauteil begleitet.

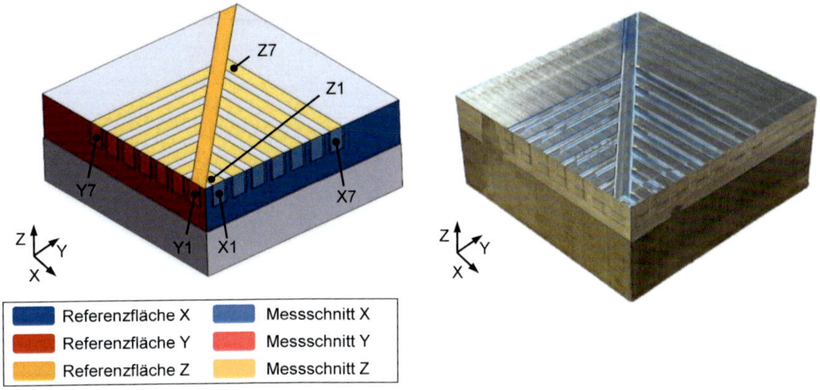

Bild 7.11: Referenzbauteil
Reference workpiece

Der thermo-elastische Bearbeitungsfehler am Referenzbauteil wird mit dem digitalen Zwilling für beide gefertigten Referenzbauteile simuliert und auf der Oberfläche visualisiert. Bild 7.12 zeigt den digitalen Zwilling der gefertigten Referenzbauteile.

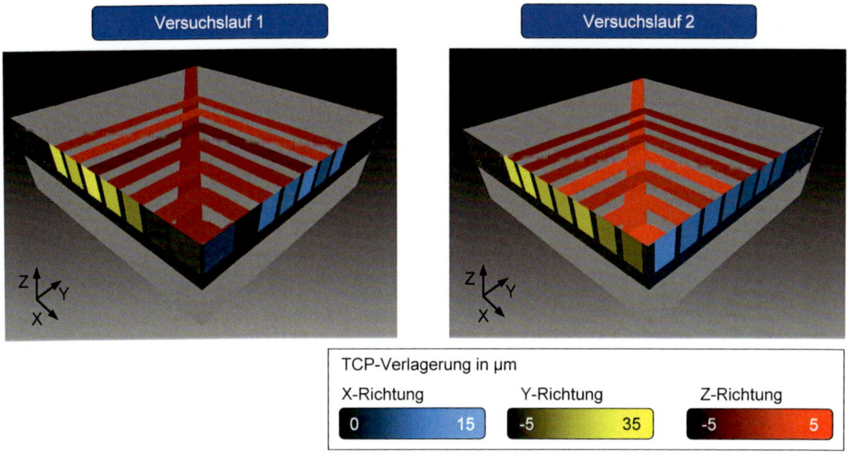

Bild 7.12: Digitaler Zwilling der gefertigten Referenzbauteile
Digital twin of the machined reference workpieces

Mithilfe der Visualisierung des digitalen Zwillings kann unmittelbar optisch identifiziert werden, wie sich der thermo-elastische Fehler am Bauteil auswirkt. Im vorliegenden Fall ist zu sehen, dass sich der thermo-elastische Fehler am stärksten in Y-Richtung auswirkt.

Zur Validierung des Modells wird der thermo-elastische Fehler an den Messschnitt-Flächen der beiden Bauteile mit einem Koordinatenmessgerät (KMG) gemessen und mit dem Modellergebnis verglichen. Das Ergebnis des Vergleichs ist in Bild 7.13 dargestellt.

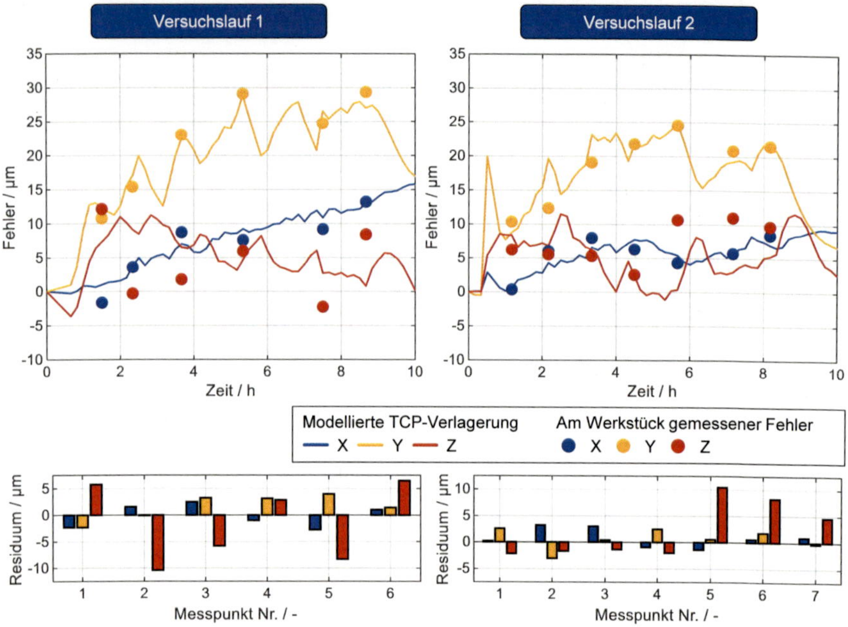

Bild 7.13: Modellierter und gemessener Fehler an den Bauteilen
Modelled and measured error on the workpieces

Das Modell kann den gemessenen Fehler am Werkstück gut abbilden. Es wird deutlich, dass insbesondere der TCP-Fehler in X- und in Y-Richtung gut dargestellt werden kann. Der TCP-Fehler in Z-Richtung weist ein größeres Residuum zur modellierten TCP-Verlagerung auf. Dies kann daran liegen, dass der Fehler anhand der Messung des Tasters trainiert wird, das Testwerkstück jedoch mit einem Schaftfräser gefertigt wird. Aufgrund der Rotationssymmetrie von Taster und Schaftfräser prägt sich der Fehler, der durch eine thermo-elastische Dehnung des Tasters entsteht, an beiden Werkzeugen in X- und Y-Richtung gleich aus. In Z-Richtung besteht die Möglichkeit, dass sich bei einer Temperaturveränderung der Werkzeuge eine Längenänderung ergibt. Diese wird jedoch bei den Messungen des TCP-Fehlers mit dem Taster nicht berücksichtigt. Eine Temperaturveränderung der Werkzeuge kann somit zu einem Abbildungsfehler in Z-Richtung führen.

Wie in Abschnitt 7.2 erwähnt, kann dieser Modellfehler in Z-Richtung durch die Verwendung eines Korrekturmodells zur Spindeldehnung aus dem Stand der Technik verbessert werden.

7.6 Zwischenfazit zu Kapitel 7

Interim summary for Chapter 7

In Kapitel 7 wurde eine Validierung des Modells an drei Demonstratoren durchgeführt. An den Demonstratoren konnte eine Verbesserung des RMSE von 43,1 %, 70,4 % und 71,2 % erreicht werden. In Kapitel 3 wurde bezüglich der Validierung des Modells folgende Forschungshypothese formuliert.

Die Ergebnisqualität des KNN zur Berechnung des thermo-elastischen Fehlers auf Basis von maschineninternen Daten ist ausreichend, um in einem industriellen Einsatz eine Qualitätsverbesserung an Werkstücken zu erzielen.

Die Forschungshypothese kann auf Basis der vorgestellten Ergebnisse verifiziert werden. Insbesondere die Ergebnisse an Demonstrator B, der in der industriellen Produktion eingesetzt wird, zeigen, dass die Ergebnisqualität des Netzes ausreichend ist, um eine Verbesserung der thermo-elastischen TCP-Verlagerung zu erreichen. Mit der Validierung des Modells zur Berechnung des thermo-elastischen TCP-Fehlers an einem Industriedemonstrator und nicht nur im Forschungsumfeld, wird eine signifikante Erweiterung gegenüber dem aktuellen Stand der Technik erreicht.

Weiterhin wird eine Methodik eingeführt, mit der die Unsicherheit des KNN im Live-Betrieb ermittelt werden kann. Auf diese Weise können Anwendungshürden in der Industrie gesenkt werden. Darüber hinaus wurde mithilfe einer Abtragssimulation demonstriert, wie das Berechnungsergebnis verwendet werden kann, um abseits von einer Korrektur des thermo-elastischen TCP-Fehlers einen Mehrwert für einen Maschinenanwender zu liefern. Durch die Abtragssimulation kann der thermo-elastische Fehler von anderen Fehlern separiert werden. Auf diese Weise kann die Fehlerursache von Bearbeitungsfehlern am Bauteil schnell identifiziert und Gegenmaßnahmen eingeleitet werden.

Abschließend wurde das Modell anhand eines Testbauteils validiert. Der thermo-elastische Fehler am Testbauteil konnte mit einem maximalen Modellierungsfehler von ± 4 µm in X-Richtung und Y-Richtung sowie ± 11 µm in Z-Richtung berechnet werden.

Die Ergebnisse lassen sich insbesondere beim Warmlauf von Maschinen effektiv nutzen. Thermo-elastische Maschinenfehler treten vor allem bei abrupten Änderungen der Arbeitsbedingungen auf, wie sie während des Warmlaufs entstehen. Das Korrekturmodell kann hier dazu beitragen, Veränderungen des TCP-Fehlers zu minimieren und so die erforderliche Warmlaufzeit zu verkürzen. Dies bringt den zusätzlichen Vorteil einer höheren Energieeffizienz mit sich: Da der unproduktive Warmlauf verkürzt wird, steigt der Anteil der produktiven Maschinenzeit an der Gesamtbetriebsdauer, wodurch die Ausbringung pro Energieeinheit erhöht wird.

8 Zusammenfassung und Ausblick

Summary and Outlook

In den folgenden Kapiteln erfolgt eine Zusammenfassung der Untersuchung und der gesammelten Ergebnisse. Anschließend wird diskutiert, wie auf die vorgestellten Forschungsarbeiten aufgebaut werden kann, um das in der Arbeit beschriebene Modell weiterzuentwickeln.

8.1 Zusammenfassung

Summary

Die mit Werkzeugmaschinen erzielbare Genauigkeit an Werkstücken ist neben geometrischen, statischen und dynamischen Einflussfaktoren maßgeblich durch das thermo-elastische Maschinenverhalten bestimmt. In der Fachliteratur existiert eine Vielzahl von Forschungsarbeiten, die das Ziel haben, den thermo-elastischen Fehler zu modellieren und zu korrigieren. Die Recherche zum aktuellen Stand der Forschung und Technik hat gezeigt, dass die Modelle der Fachliteratur in der Regel keine Anwendung in der industriellen Praxis gefunden haben. In Produktionsumgebungen wird in der Regel auf einfache Zusammenhänge zwischen punktuell gemessenen Temperaturen und dem thermo-elastischen Maschinenverhalten zurückgegriffen, welche den thermo-elastischen Fehler nicht ausreichend abbilden. Gründe für die fehlende Anwendung bestehender Modelle sind unter anderem der hohe Aufwand bei der Parametrierung, die kostenintensive notwendige Messtechnik und die mangelnde Modellsicherheit.

Das Ziel ist daher die Erweiterung des aktuellen Stands der Forschung und Technik durch die Entwicklung einer praxisnahen Modellierungsmethode mit geringen Parametrierungsaufwand, kostengünstigen Messmitteln und hoher Robustheit. Hierfür wurde folgende Forschungsfrage definiert:

Kann die thermo-elastische TCP-Verlagerung von Werkzeugmaschinen ohne den Einsatz externer Sensorik mit einem geringen Parametrierungsaufwand robust und prozessparallel modelliert werden?

Um das Forschungsziel zu erreichen, wird zunächst der Zusammenhang zwischen den maschineninternen Daten und dem thermo-elastischen Maschinenverhalten untersucht. Anhand der Untersuchung konnte gezeigt werden, dass es maschineninterne Größen gibt, die in einem Zusammenhang zum thermo-elastischen Maschinenverhalten stehen. Insbesondere hervorzuheben sind die Temperatur der Achsmotoren und die Encoderdifferenz, welche einen direkten Zusammenhang zum thermo-elastischen Verhalten aufweisen. Darüber hinaus wurden der Achsmotorstrom und die Achsgeschwindigkeit als wichtige thermo-elastisch relevante Größen identifiziert.

Darauf aufbauend wurde ein Modell erstellt, mit dem sich die thermo-elastische TCP-Verlagerung modellieren lässt. Mithilfe der Backward Elimination wurde bestätigt, dass die Größen, welche einen signifikanten Zusammenhang zur thermo-elastischen TCP-Verlagerung aufweisen, sich für die Modellierung des TCP-Fehlers eignen. Weiterhin wurde gezeigt, dass ein Trainingsdatensatz von sieben Tagen und somit eine Messzeit von 34,72 h an Demonstrator A und 17,49 h an Demonstrator B ausreichend ist, um die thermo-elastische TCP-Verlagerung mit einem KNN zu modellieren. Wichtig ist hier anzumerken, dass einer der untersuchten Demonstratoren eine Maschine einer realen Produktion ist. Dies stellt gegenüber dem Stand der Forschung einen signifikanten Mehrwert dar.

Abschließend wurde das Modell an einem Demonstrator mit Prototypen-Fertigung mit einem Bauteil validiert. Hierfür wurde die Maschine mit den realen Lasten einer Bearbeitung belastet. In regelmäßigen Abständen wurden Fräsoperationen an einem Referenzwerkstück durchgeführt. Anhand der Messschnitte wurde der tatsächliche Geometriefehler mit dem modellierten Geometriefehler verglichen. Diese Validierung am Bauteil zeigt, dass der thermo-elastische Fehler mit einer Genauigkeit ± 4 µm in X-Richtung und Y-Richtung sowie ± 11 µm in Z-Richtung berechnet werden kann.

Im Ergebnis konnte die Fragestellung erfolgreich beantwortet werden: Es ist möglich, die thermo-elastische TCP-Verlagerung von Werkzeugmaschinen, ohne den Einsatz externer Sensorik mit einem geringen Parametrierungsaufwand robust und in Echtzeit zu modellieren. Im Vergleich mit dem Modell von Wennemer kann die Messzeit zur Parametrierung des Modells deutlich reduziert werden. Die Berechnungsqualität des erstellten Modells ist hierbei vergleichbar mit der von Wennemer erzielten Berechnungsqualität [WENN18].

8.2 Ausblick

Outlook

Mit Abschluss dieser Arbeit liegt eine kostengünstige und industrienahe Methode zur Modellierung der thermo-elastischen TCP-Verlagerung vor. Weitere Forschungen im Bereich der Messtechnik zur Bestimmung der TCP-Verlagerung können zu zusätzlichen Optimierungen führen. Der hier genutzte Ansatz mit dem maschineninternen Messtaster ermöglicht eine schnelle und präzise Identifizierung bestimmter Maschinenfehler. Rundachsfehler und poseabhängige Fehler der Z-Achse konnten mit dem hier angewendeten Untersuchungsansatz nicht erfasst werden. Es existieren Messinstrumente, die weitere Fehlermessungen ermöglichen, jedoch sind diese kostspielig und zeitaufwendig. Eine Erweiterung des aktuellen Stands der Technik um ein kostengünstiges Messinstrument, das unmittelbar alle Maschinenfehler erfassen kann, ohne die Fertigung zu beeinträchtigen, würde die Beschreibung des thermo-elastischen Fehlverhaltens noch deutlich voranbringen.

Weiterer Forschungsbedarf besteht auch hinsichtlich der Anwendung des Transfer-Learnings. Für die untersuchten Maschinen hat die Arbeit gezeigt, dass Transfer-Learning keine Reduktion des Trainingsdatensatzes ermöglicht. Durch Vortraining von KNN mit einem umfangreichen Pool verschiedener Maschinen könnte es möglich werden, das Modellwissen effizient auf weitere Maschinen zu übertragen. Dies kann dann durch die Untersuchung des thermo-elastischen Verhaltens verschiedener Maschinen validiert werden und zu einem Fortschritt in der Reduzierung des thermo-elastischen Fehlers führen.

Summary and Outlook

The following chapters summarize the investigation and the collected results. This is followed by a discussion of how the research work presented can be built on to further develop the model described in the paper.

Summary

In addition to geometric, static and dynamic influencing factors, the accuracy that can be achieved with machine tools on workpieces is largely determined by the thermo-elastic machine tool behavior. The technical literature contains a large number of research papers aimed at modeling and correcting the thermo-elastic error. Research into the current state of technology has shown that the models in the technical literature usually have not been applied in industrial practice. In production environments, simple correlations between point-measured temperatures and the thermo-elastic machine behavior are generally used, which do not adequately represent the thermo-elastic error. Reasons for the lack of application of existing models include the high effort involved in parameterization, the cost-intensive measurement technology required and the lack of model reliability.

The aim is therefore to extend the current state of research and technology by developing a practical modeling method with low parameterization effort, inexpensive measuring equipment and high robustness. The following research question was defined for this purpose:

Can the thermo-elastic TCP displacement of machine tools be modelled robustly and in real time without the use of external sensors and with a low parameterization effort?

In order to achieve the research objective, the relationship between the internal machine data and the thermo-elastic machine behavior is first investigated. The investigation showed that there are machine-internal variables that are related to the thermo-elastic machine behavior. Particularly noteworthy are the temperature of the axis motors and the encoder difference, which are directly related to the thermo-elastic behavior. In addition, the axis motor current and the axis speed were identified as important thermo-elastically relevant variables.

Based on this, a model to compute the thermo-elastic TCP displacement was developed. With the help of backward elimination, it was confirmed that the variables that show a significant correlation to the thermo-elastic TCP displacement are suitable for modeling the TCP error. Furthermore, it was shown that a training data set of seven days and thus a measurement time of 34.72 h on demonstrator A and 17.49 h on demonstrator B is sufficient to model the thermo-elastic TCP displacement with an ANN. It is important to note that one of the demonstrators investigated is a machine from a real production facility. This represents a significant added value compared to the current state of research.

Finally, the model was validated on a demonstrator for prototype production using a real workpiece. For this purpose, the machine was loaded with the real loads of a machining operation. Milling operations were carried out at regular intervals on a reference workpiece. The actual geometry error was compared with the modelled geometry error on the basis of the measured cuts. This validation on the component shows that the thermo-elastic error can be calculated with an accuracy of ± 4 µm in the X-direction and Y-direction and ± 11 µm in the Z-direction.

As a result, the question could be answered successfully: It is possible to model the thermo-elastic TCP displacement of machine tools robustly and in real time without the use of external sensors and with little parameterization effort. Compared to Wennemer's model, the measurement time for parameterizing the model can be significantly reduced. The calculation quality of the model created is comparable to the calculation quality achieved by Wennemer [WENN18].

Outlook

With the completion of this work, a cost-effective method for modeling the thermo-elastic TCP displacement is available. Further research in the field of measurement technology to determine the TCP displacement can lead to additional optimizations. The approach used here with the machine-internal measuring probe enables fast and precise identification of certain machine faults. Rotational axes and pose-dependent errors of the Z-axis could not be detected with the examination approach used here. Measuring instruments exist that enable further error measurement, but these are expensive and time-consuming. An extension of the current state of the art with a low-cost measuring instrument that can directly detect all machine faults without impairing production would significantly advance the description of thermo-elastic fault behavior.

There is also a need for further research into the application of transfer learning. For the machines investigated, the work has shown that transfer learning does not enable a reduction of the training data set. By pre-training KNN with an extensive pool of different machines, it could be possible to transfer the model knowledge efficiently to other machines. This can then be validated by investigating the thermo-elastic behavior of different machines and lead to progress in reducing the thermo-elastic error.

9 Anhang

Appendix

Tabelle 9.1: Versuchsplan zur Identifikation des Zusammenhangs zwischen maschineninternen Daten und der TCP-Verlagerung

Test plan to identify the correlation between internal machine data and TCP relocation

Versuch Nr.	Datum	Achse	Programmierte Geschwindigkeit / m/min	Mittlere Achsposition / mm
1	21.02.24	X	0,6	-1720
2	22.02.24	X	3	-1720
3	23.02.24	X	3	-1640
4	24.02.24	X	3	-1800
5	25.02.24	X	6	-1720
6	26.02.24	X	12	-1720
7	19.12.23	Y	0,6	-310
8	20.12.23	Y	3	-310
9	21.12.23	Y	3	-510
10	22.12.23	Y	3	-110
11	23.12.23	Y	6	-310
12	24.12.23	Y	12	-310
13	17.01.24	Z	0,6	-305
14	18.01.24	Z	3	-305
15	07.02.24	Z	3	-105
16	08.02.24	Z	3	-495
17	09.02.24	Z	6	-305
18	10.02.24	Z	12	-305

Tabelle 9.2: Verwendete Literatur in Bild 2.6
Used literature in Figure 2.6

#	Kurzverweis	#	Kurzverweis	#	Kurzverweis	#	Kurzverweis
1	[ABDU13c]	11	[DOS 18]	21	[LI18]	31	[YANG15]
2	[ABDU13a]	12	[FUJI19]	22	[LIU21a]	32	[YANG14b]
3	[ABDU15a]	13	[GOME13]	23	[MA17]	33	[YAO20]
4	[ABDU13b]	14	[GUO16]	24	[MART20]	34	[YIN19]
5	[ABDU15b]	15	[GUO10]	25	[MIAO13]	35	[YING15]
6	[ABDU16]	16	[HAN12]	26	[RUIJ12]	36	[ZENG13]
7	[CHEN16b]	17	[HUAN14]	27	[TIAN20]	37	[ZHAN19]
8	[CHEN16c]	18	[JIAN19]	28	[WANG13]	38	[ZHAN12]
9	[CHEN16a]	19	[LEI19]	29	[XIAN18]	39	[ZHOU19]
10	[CHEN21b]	20	[LI19]	30	[YANG14a]	40	[ZIMM20]

Tabelle 9.3: Verwendete Literatur in Bild 2.11
Used literature in Figure 2.12

#	Kurzverweis	#	Kurzverweis	#	Kurzverweis	#	Kurzverweis
1	[MA23]	4	[GUO22]	7	[GUI24]	10	[ZHU15].
2	[CHEN22]	5	[LIU21b]	8	[KUO23]	11	[YANG05].
3	[GAO]	6	[CHEN21a]	9	[LI22]		

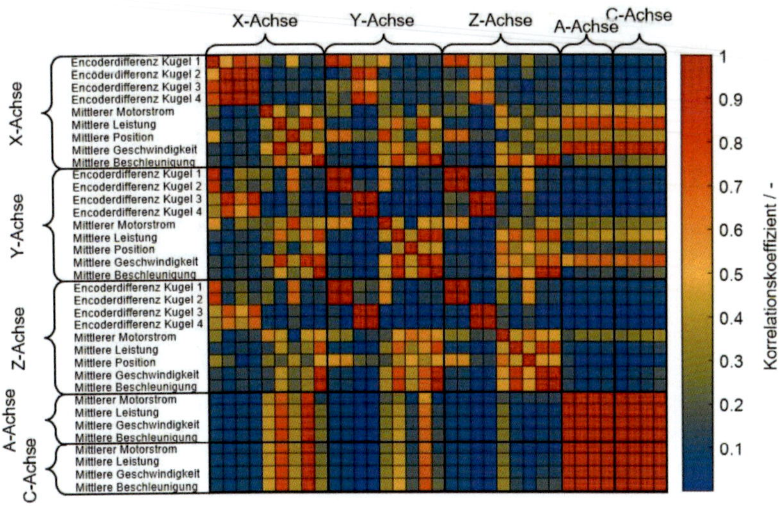

Bild 9.1: Korrelation der Eingangsdaten an Demonstrator B

Correlation of the input data of demonstrator B

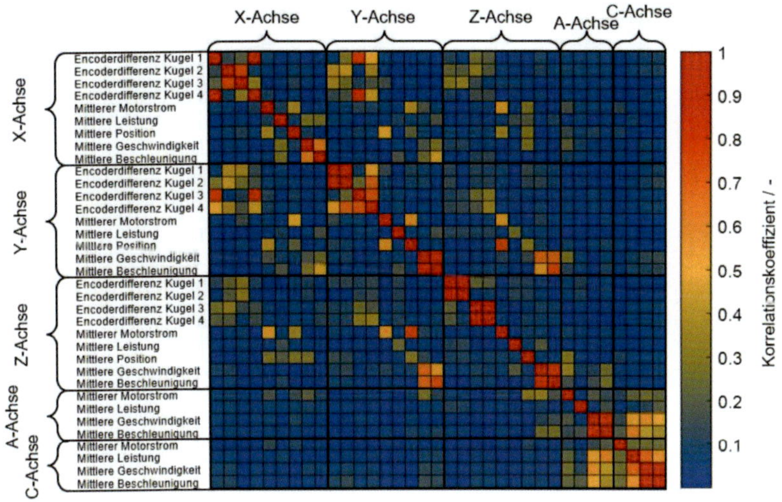

Bild 9.2: Partielle Korrelation der Eingangsdaten an Demonstrator B

Partial correlation of the input data of demonstrator B

10 Literaturverzeichnis

References

[ABDU13a] Abdulshahed, A. M.; Longstaff, A. P.; Fletcher, S.: A particle swarm optimisation-based Grey prediction model for thermal error compensation on CNC machine tools. In: euspen (Hrsg.): Lamdamap X. Cranfield: euspen, 2013a

[ABDU13b] Abdulshahed, A. M.; Longstaff, A. P.; Fletcher, S.; Myers, A.: Application of GNNMCI(1, N) to environmental thermal error modelling of CNC machine tools. In: NEWTECH (Hrsg.): International Conference on Advanced Manufacturing Engineering and Technologies, 2013b

[ABDU13c] Abdulshahed, A. M.; Longstaff, A. P.; Fletcher, S.: Comparative study of ANN and ANFIS prediction models for thermal error compensation on CNC machine tools. In: Lambdamap 10th International Conference. Cranfield: euspen, 2013c

[ABDU15a] Abdulshahed, A. M.; Longstaff, A. P.; Fletcher, S.: The application of ANFIS prediction models for thermal error compensation on CNC machine tools. In: Applied Soft Computing, 27. Jg., 2015a

[ABDU15b] Abdulshahed, A. M.; Longstaff, A. P.; Fletcher, S.; Myers, A.: Thermal error modelling of machine tools based on ANFIS with fuzzy c-means clustering using a thermal imaging camera. In: Applied Mathematical Modelling, 39. Jg., 2015b, Nr. 7

[ABDU16] Abdulshahed, A. M.; Longstaff, A. P.; Fletcher, S.; Potdar, A.: Thermal error modelling of a gantry-type 5-axis machine tool using a Grey Neural Network Model. In: Journal of Manufacturing Systems, 41. Jg., 2016

[ABEL07] Abel, D.: Mess- und Regelungstechnik und Ergänzungen (Höhere Regelungstechnik). Umdruck zur Vorlesung. 31. Aufl., 1. Aufl. im Verlagshaus Mainz. Aachen: Verlagshaus Mainz, 2007

[ADDI21] Addis, B. (Hrsg.): Physical models. Their historical and current use in civil and building engineering design. Berlin: Ernst & Sohn, 2021

[AL-H21] AL-Huseiny, M. S.; Sajit, A. S.: Transfer learning with GoogLeNet for detection of lung cancer. In: Indonesian Journal of Electrical Engineering and Computer Science, 22. Jg., 2021, Nr. 2

[BASL16] Basler, S.: Encoder und Motor-Feedback-Systeme. Winkellage- und Drehzahlerfassung in der industriellen Automation. 1 Aufl. Wiesbaden: Springer, 2016

[BERG20] Bergs, T.; Brecher, C.; Schmitt, R.; Schuh, G.: Internet of Production - Turning Data into Value. Statusberichte aus der Produktionstechnik

2020: Aachener Werkzeugmaschinen-Kolloquium AWK, Fraunhofer IPT, WZL der RWTH Aachen, 2020

[BERN68] Berndt, G.; Hultzsch, E.; Weinhold, H.: Funktionstoleranz und Meßunsicherheit. In: Wissenschaftliche Zeitschrift der Technischen Universität Dresden, 17. Jg., 1968, Nr. 2

[BLUM21] Blum-Novotest GmbH. Messtaster TC50/TC52 | TC60/TC62. High Speed Werkstückmessung. Blum-Novotest GmbH. Grünkraut, 2021

[BOOS21] Boos, W. Die Produktionswende – Turning Data into Sustainability. Durch das Internet of Production zu nachhaltiger Produktion und Betrieb. Werkzeugmaschinenlabor der RWTH Aachen. Aachen, 2021

[BOYE15] Boye, T.; Günther, G.; Fritz, M.: Increasing 5-axis accuracy by using a cross-grid encoder for volumetric compensation. In: Laser Metrology and Machine Performance XI, 2015

[BOZI20] Bozinovski, S.: Reminder of the First Paper on Transfer Learning in Neural Networks, 1976. In: Informatica, 44. Jg., 2020, Nr. 3

[BREC04] Brecher, C.; Hirsch, P.; Weck, M.: Compensation of Thermo-elastic Machine Tool Deformation Based on Control internal Data. In: CIRP Annals - Manufacturing Technology, 53. Jg., 2004, Nr. 1

[BREC06] Brecher, C.; Wissmann, A.: Messtechnische Untersuchung des thermoelastischen Verlagerungsverhaltens an WZM. In: DWM e.V. (Hrsg.): Aktuelle Ergebnisse zur steuerungsintegrierten Korrektur thermisch bedingter Fehler im Arbeitsraum, 2006

[BREC15] Brecher, C.; Fey, M.; Neus, S.; Shneor, Y.; Bakarinow, K.: Influences on the thermal behavior of linear guides and externally driven spindle systems. In: Production Engineering, 9. Jg., 2015, Nr. 1

[BREC17a] Brecher, C.; Weck, M.: Werkzeugmaschinen Fertigungssysteme 2. Konstruktion, Berechnung und messtechnische Beurteilung. (Reihe: VDI-Buch. 9. Aufl. Berlin: Springer, 2017a

[BREC17b] Brecher, C.; Herfs, W.; Özdemir, D.; Obdenbusch, M.; Nittinger, J.; Wellmann, F.; Königs, M.; Krella, C.; Sittig, S.: Die vernetzte Werkzeugmaschine. In: Reinhart, G. (Hrsg.): Handbuch Industrie 4.0. Geschäftsmodelle, Prozesse, Technik. München: Carl Hanser Verlag, 2017b

[BREC18] Brecher, C.; Kneer, R.; Spierling, R.; Frekers, Y.; Fey, M.: Ein Beitrag zur Modellierung des thermischen Umgebungseinflusses an Werkzeugmaschinen. In: ZWF Zeitschrift für wirtschaftlichen Fabrikbetrieb, 2018, Nr. 113

[BREC19a] Brecher, C.; Weck, M.: Werkzeugmaschinen Fertigungssysteme 1. Maschinenarten und Anwendungsbereiche. (Reihe: VDI-Buch. 9. Aufl. Berlin: Springer, 2019a

[BREC19b] Brecher, C.; Wiesch, M.; Neus, S.: Prozessparallele Qualitätssicherung in der spanenden Fertigung. In: Werkstoffe in der Fertigung, 56. Jg., 2019b, Nr. 3

[BREC19c] Brecher, C.; Lee, T. H.; Tzanetos, F.; Zontar, D.: Hybrid modeling of thermo-elastic behavior of a three-axis machining center using integral deformation sensors. In: Procedia CIRP, 81. Jg., 2019c

[BREC20a] Brecher, C.; Spierling, R.; Wiesch, M.; Königs, M.; Fey, M.: Erweiterung der digitalen Prozesskette um das thermo-elastische Maschinenverhalten. In: ZWF Zeitschrift für wirtschaftlichen Fabrikbetrieb, 115. Jg., 2020a, 1-2

[BREC20b] Brecher, C.; Wiesch, M.; Fey, M.: Mit datenbasierten Modellen Fräsprozesse optimieren. WZL-Forschungsergebnisse: Datengetriebene Ansätze steigern die Genauigkeit von Simulationsmodellen zum Auslegen von Fräsprozessen. In: NCFertigung, 41. Jg., 2020b

[BREC20c] Brecher, C.; Neus, S.; Dehn, M.: Efficient FE-Modelling of the transient thermo-elastic machine behaviour of 5-axes machine tools. In: euspen (Hrsg.): Special Interest Group Meeting on Thermal Issues. Cranfield: euspen, 2020c

[BREC21a] Brecher, C.; Weck, M.: Werkzeugmaschinen Fertigungssysteme 3. Mechatronische Systeme, Steuerungstechnik und Automatisierung. (Reihe: VDI-Buch. 9 Aufl. Berlin: Springer, 2021a

[BREC21b] Brecher, C.; Spierling, S.; Fey, M.; Neus, S.: Direct measurement of thermo-elastic errors of a machine tool. In: CIRP Annals - Manufacturing Technology, 2021b

[BREC23] Brecher, C.; Dehn, M.; Neus, S.: An Investigation of the Relationship Between Encoder Difference and Thermo-Elastic Machine Tool Deformation. In: Journal of Machine Engineering, 2023

[BREC24] Brecher, C.; Dehn, M.; Neus, S.: A FE Model for the Efficient Simulation of the Thermo-Elastic Machine Tool Behavior. In: International Journal of Precision Engineering and Manufacturing, 2024

[BREC25] Brecher, C.; Ihlenfeldt, S.; Drossel, W.; Weber, J.; Herzog, R.; Kneer, R.: Sonderforschungsbereich Transregio 96.
URL: https://transregio96.webspace.tu-dresden.de/

[BRIN05] Bringmann, B.; Küng, A.; Knapp, W.: A Measuring Artefact for true 3D Machine Testing and Calibration. In: CIRP Annals - Manufacturing Technology, 54. Jg., 2005, Nr. 1

[BRIN07] Bringmann, B.: Improving geometric calibration methods for multi-axis machining centers by examining error interdependencies effects, 2007

[BRYA82] Bryan, J. B.: A simple method for testing measuring machines and machine tools Part 1: Principles and applications. In: Precision Engineering, 4. Jg., 1982, Nr. 2

[CAST08] Castro, H.: Uncertainty analysis of a laser calibration system for evaluating the positioning accuracy of a numerically controlled axis of coordinate measuring machines and machine tools. In: Precision Engineering, 32. Jg., 2008, Nr. 2

[CHEN16a] Cheng, Q.; Yu, Y.; Li, G.; Li, W.; Sun, B.; Cai, L.: A Hybrid Prediction Method of Thermal Extension Error for Boring Machine Based on PCA and LS-SVM. In: Edp Sciences (Hrsg.): MATEC Web of Conferences, 2016a

[CHEN16b] Chen, T.-C.; Chang, C.-J.; Hung, J.-P.; Lee, R.-M.; Wang, C.-C.: Real-Time Compensation for Thermal Errors of the Milling Machine. In: Applied Sciences, 6. Jg., 2016b, Nr. 4

[CHEN16c] Cheng, Q.; Qi, Z.; Zhang, G.; Zhao, Y.; Sun, B.; Gu, P.: Robust modelling and prediction of thermally induced positional error based on grey rough set theory and neural networks. In: International Journal of Advanced Manufacturing Technology, 83. Jg., 2016c, Nr. 5

[CHEN21a] Chen, Y.; Chen, J.; Xu, G.: A data-driven model for thermal error prediction considering thermoelasticity with gated recurrent unit attention. In: Measurement, 184. Jg., 2021a

[CHEN21b] Chengyang, W.; Sitong, X.; Wansheng, X.: Spindle thermal error prediction approach based on thermal infrared images: A deep learning method. In: Journal of Manufacturing Systems, 59. Jg., 2021b

[CHEN22] Cheng, Y.; Zhang, X.; Zhang, G.; Jiang, W.; Li, B.: Thermal error analysis and modeling for high-speed motorized spindles based on LSTM-CNN. In: The International Journal of Advanced Manufacturing Technology, 121. Jg., 2022, Nr. 5

[CHO14] Cho, K.; van Merrienboer, B.; Gulcehre, C.; Bahdanau, D.; Bougares, F.; Schwenk, H.; Bengio, Y. Learning Phrase Representations using RNN Encoder-Decoder for Statistical Machine Translation. Cornell, 2014

[COHE88] Cohen, J.: Set Correlation and Contingency Tables. In: Applied Psychological Measurement, 12. Jg., 1988, Nr. 4

[CZWA22] Czwartosz, R.; Jedrzejewskl, J.. Application of Machine Learning in the Precise and Cost-Effective Self-Compensation of the Thermal Errors of CNC Machine Tools – A Review. In: Journal of Machine Engineering, 22. Jg., 2022, Nr. 3

[DEHN23] Dehn, M.; Plum, F.; Bertaggia, N.; Neus, S.; Zontar, D.; Brecher, C.: Modeling the thermal machine tool error during cooling lubricant usage. In: Procedia CIRP, 120. Jg., 2023

[DENA55] Denavit, J.; Hartenberg, R. S.: A Kinematic Notation for Lower-Pair Mechanisms Based on Matrices. In: Journal of Applied Mechanics, 22. Jg., 1955, Nr. 2

[DENK19] Denkena, B.; Grove, T.; Pape, O.: Optimization of complex cutting tools using a multi-dexel based material removal simulation. *Procedia CIRP* 82, 379-382 (2019). https://doi.org/10.1016/j.procir.2019.04.052

[DIN62] DIN (1313) (September 1962): Schreibweise physikalischer Gleichungen in Naturwissenschaft und Technik

[DIN95] DIN EN ISO (841) (Juni 1995): Numerische Steuerung von Maschinen. Koordinatensystem und Bewegungsrichtungen

[DIN96] DIN ISO (2806) (1996): Numerische Steuerung von Maschinen. Begriffe

[DIN99] DIN ISO (230 Teil 1) (Juli 1999): Prüfregeln für Werkzeugmaschinen. Geometrische Genauigkeit von Maschinen, die ohne Last

[DONM07] Donmez, M. A.; Hahn, M. H.; Soons, J. A.: A Novel Cooling System to Reduce Thermally-Induced Errors of Machine Tools. In: CIRP Annals - Manufacturing Technology, 56. Jg., 2007, Nr. 1

[DOS 18] dos Santos, M. O.; Batalha, G. F.; Bordinassi, E. C.; Miori, G. F.: Numerical and experimental modeling of thermal errors in a five-axis CNC machining center. In: The International Journal of Advanced Manufacturing Technology, 96. Jg., 2018, Nr. 5

[ERBE23] Erben, A.; Geist, A.; Voigt, I.; Senf, B.; Mäder, T.; Glänzel, J.; Ihlenfeldt, S.; Drossel, W.-G.: Smart Pressure Film Sensor for Machine Tool Optimization and Characterization of the Dynamic Pressure Field on Machine Surfaces. In: Ihlenfeldt, S. (Hrsg.): 3rd International Conference on Thermal Issues in Machine Tools (ICTIMT2023). (Reihe: Lecture Notes in Production Engineering). Cham: Springer International Publishing, 2023

[ESS12] Ess, M.: Simulation and compensation of thermal errors of machine tools. Dissertation. Zürich, 2012

[FAN22] Fan, K.; Xiao, J.; Wang, R.; Gao, R.: Thermoelectric-based cooling system for high-speed motorized spindle I: design and control mechanism.

In: The International Journal of Advanced Manufacturing Technology, 121. Jg., 2022, 5-6

[FLOR12] Florussen, G.; Spaan, H.: Dynamic R-Test for Rotary Tables on 5-Axes Machine Tools. In: Procedia CIRP, 1. Jg., 2012

[FRAZ18] Frazier, P. I. A Tutorial on Bayesian Optimization, 2018

[FUJI19] Fujishima, M.; Narimatsu, K.; Irino, N.; Mori, M.; Ibaraki, S.: Adaptive thermal displacement compensation method based on deep learning. In: CIRP Journal of Manufacturing Science and Technology, 25. Jg., 2019

[GAO] Gao, X.; Guo, Y.; Hanson, D. A.; Liu, Z.; Wang, M.; Zan, T. Thermal Error Prediction of Ball Screws Based on PSO-LSTM

[GAO23] Gao, W.; Ibaraki, S.; Donmez, M. A.; Kono, D.; Mayer, J.; Chen, Y.-L.; Szipka, K.; Archenti, A.; Linares, J.-M.; Suzuki, N.: Machine tool calibration: Measurement, modeling, and compensation of machine tool errors. In: International Journal of Machine Tools and Manufacture, 187. Jg., 2023

[GARA12] Garafola, D. C.: A Practical Approach to Optimizing Your Machine. Part Two. In: MoldMaking Technology, 2012, Nr. 4

[GOLZ90] Golz, H. U.: Analyse, Modellbildung und Optimierung des Betriebsverhaltens von Kugelgewindetrieben. Dissertation. Karlsruhe, 1990

[GOME13] Gomez-Acedo, E.; Olarra, A.; Orive, J.; La Lopez de Calle, L. N.: Methodology for the design of a thermal distortion compensation for large machine tools based in state-space representation with Kalman filter. In: International Journal of Machine Tools and Manufacture, 75. Jg., 2013

[GROß15] Großmann, K. (Hrsg.): Thermo-energetic Design of Machine Tools. A Systemic Approach to Solve the Conflict Between Power Efficiency, Accuracy and Productivity Demonstrated at the Example of Machining Production. (Reihe: Lecture Notes in Production Engineering. Berlin: Springer, 2015

[GUI24] Gui, H.; Liu, J.; Ma, C.; Li, M.: Industrial-oriented machine learning big data framework for temporal-spatial error prediction and control with DTSMGCN model. In: Journal of Intelligent Manufacturing, 35. Jg., 2024, Nr. 3

[GUO10] Guo, Q.; Yang, J.; Wu, H.: Application of ACO-BPN to thermal error modeling of NC machine tool. In: International Journal of Advanced Manufacturing Technology, 50. Jg., 2010

[GUO16] Guo, Q.; Xu, R.; Yang, T.; He, L.; Cheng, X.; Li, Z.; Yang, J. G.: Application of GRAM and AFSACA-BPN to thermal error optimization modeling of CNC machine tools. In: International Journal of Advanced Manufacturing Technology, 83. Jg., 2016, Nr. 5

[GUO22] Guo, J.; Xiong, Q.; Chen, J.; Miao, E.; Wu, C.; Zhu, Q.; Yang, Z.; Chen, J.: Study of static thermal deformation modeling based on a hybrid CNN-LSTM model with spatiotemporal correlation. In: The International Journal of Advanced Manufacturing Technology, 119. Jg., 2022, Nr. 3

[HAMR20] Hamran, N. N.; Ghani, J. A.; Ramli, R.; Haron, C. C.: A review on recent development of minimum quantity lubrication for sustainable machining. In: Journal of Cleaner Production, 268. Jg., 2020

[HAN12] Han, J.; Wang, L.; Wang, H.; Cheng, N.: A new thermal error modeling method for CNC machine tools. In: International Journal of Advanced Manufacturing Technology, 62. Jg., 2012, Nr. 1

[HART24] Hartl, M.; Geiger, L.; Seifert, D.: Neuronale Netze.

URL: https://www.trafficcounter.de/neuronales-netz/

[HEID21] Dr. Johannes Heidenhain GmbH. Optionen und Zubehör für TNC-Steuerungen. Traunreuth, 2021

[HEID23] Dr. Johannes Heidenhain GmbH. Längenmessgeräte für gesteuerte Werkzeugmaschinen. Traunreuth, 2023

[HEID90] Dr. Johannes Heidenhain GmbH. Bedienungs-Handbuch TNC 355. Traunreuth, 1990

[HEIS80] Heisel, U. Ausgleich thermischer Deformationen an Werkzeugmaschinen, 1980

[HEXA19] Hexagon AB. Etalon Laser TRACER-NG. Die Systemlösung für Kalibrierung, Kompensation und Verifizierung von Werkzeugmaschinen und Koordinatenmessgeräten. Hexagon AB, 2019

[HOCH97] Hochreiter, S.; Schmidhuber, J.: Long short-term memory In: Neural Computation, 9. Jg., 1997, Nr. 8

[HONG97] Hong, S.-W.; Shin, Y.-J.; Lee, H.-S.: An efficient method for identification of motion error sources from circular test results in NC machines. In: International Journal of Machine Tools and Manufacture, 37. Jg., 1997, Nr. 3

[HORE10] Horejs, O.; Mares, M.; Kohout, P.; Barta, P.; Hornych, J.: Compensation of machine tool thermal errors based on transfer functions. In: MM Science Journal, 2010, Nr. 1

[HORE20] Horejs, O.; Mares, M.; Fiala, S.; Havlik, L.; Stritesky, P.: Effects of cooling systems on the thermal behaviour of machine tools and thermal error models. In: Journal of Machine Engineering, 20. Jg., 2020, Nr. 4

[HSU16] Hsu, P.; Liou, H.; Lui, K.: Uncertainty estimation for the coordinate measuring machine calibration by using one LaserTRACER. In: euspen's 16th International Conference & Exhibition, 2016

[HUAN14] Huang, Y.; Zhang, J.; Li, X.; Tian, L.: Thermal error modeling by integrating GA and BP algorithms for the high-speed spindle. In: International Journal of Advanced Manufacturing Technology, 71. Jg., 2014, Nr. 9

[INTE07] ISO (230 Teil 3) (2007): Test code for machine tools. Determination of thermal effects

[JATZ11] Jatzkowski, P.: Ressourceneffiziente Kalibrierung von 5-Achs-Werkzeugmaschinen mit Tracking-Interferometern. Aachen: Apprimus Verlag, 2011

[JIAN19] Jian, B.-L.; Wang, C.-C.; Hsieh, C.-T.; Kuo, Y.-P.; Houng, M.-C.; Yau, H.-T.: Predicting spindle displacement caused by heat using the general regression neural network. In: International Journal of Advanced Manufacturing Technology, 104. Jg., 2019, Nr. 9

[KAUL22] Kaulagi, M. N.; Sonawane, H. A.: Thermal network-based compensation model for a vertical machining center subjected to ambient temperature fluctuations. In: International Journal of Advanced Manufacturing Technology, 124. Jg., 2022

[KEFE15] Keferstein, C. P.; Marxer, M.: Fertigungsmesstechnik. Praxisorientierte Grundlagen, moderne Messverfahren. 8 Aufl. Wiesbaden: Springer Vieweg, 2015

[KIM04] Kim, K.-D.; Chung, S.-C.: Synthesis of the 3D artefact for quick identification of thermal errors in machine tools. In: International Journal of Production Research, 42. Jg., 2004, Nr. 6

[KIZA21] Kizaki, T.; Tsujimura, S.; Marukawa, Y.; Morimoto, S.; Kobayashi, H.: Robust and accurate prediction of thermal error of machining centers under operations with cutting fluid supply. In: CIRP Annals, 70. Jg., 2021, Nr. 1

[KLOC11] Klocke, F.; Brecher, C.; Schmitt, R.; Schuh, G. (Hrsg.): Wettbewerbsfaktor Produktionstechnik. Aachener Perspektiven ; [AWK, Aachener Werkzeugmaschinen-Kolloquium 2011, 26. bis 27. Mai ; Tagungsband. Aachen: Shaker, 2011

[KLOC13] Klocke, F.; Lung, D.; Puls, H.: FEM-Modelling of the Thermal Workpiece Deformation in Dry Turning. In: Procedia CIRP, 8. Jg., 2013

[KNAP85] Knapp, W.: Testing Nc Machine Tools With the Circular Test. In: Tobias, S. A. (Hrsg.): Proceedings of the Twenty-Fifth International Machine Tool Design and Research Conference. London: Macmillan Education, 1985

[KOHU11] Kohut, P.; Horejs, O.; Mares, M.: Experimental Identification of Convective Heat Transfer in Machine Tools. In: Ao, S. I. (Hrsg.): World Congress on Engineering 2011 Vol III. (Reihe: Lecture notes in engineering and computer science). Hong Kong: Newswood, 2011

[KÖNI17] Königs, M.; Wellmann, F.; Wiesch, M.; Epple, A.; Brecher, C.: A scalable, hybrid learning approach to process-parallel estimation of cutting forces in milling application. In: 7. WGP-Jahreskongress Aachen. Aachen: Apprimus Verlag, 2017

[KÖNI18] Königs, M.; Brecher, C.: Process-parallel quality prediction for metal cutting in series production. In: Procedia Manufacturing, 2018. Jg., 2018, Nr. 26

[KRUT94] Kruth, J. P.; Vanherck, P.; Jonge, L. de: Self-calibration method and software error correction for three-dimensional coordinate measuring machines using artefact measurements. In: Measurement, 14. Jg., 1994, Nr. 2

[KUI22] Kui, G. W. A.; Islam, S.; Reddy, M. M.; Khandoker, N.; Chen, V. L. C.: Recent progress and evolution of coolant usages in conventional machining methods: a comprehensive review. In: The International Journal of Advanced Manufacturing Technology, 119. Jg., 2022, 1-2

[KUNZ93] Kunzmann, H.; Trapet, E.; Wäldele, F.: Concept for the Traceability of Measurements with Coordinate Measuring Machines. In: International Progress in Precision Engineering: Elsevier, 1993

[KUO23] Kuo, P.-H.; Chen, Y.-W.; Hsieh, T.-H.; Jywe, W.-Y.; Yau, H.-T.: A Thermal Displacement Prediction System with an Automatic LRGTVAC-PSO Optimized Branch Structured Bidirectional GRU Neural Network. In: IEEE Sensors Journal, 23. Jg., 2023, Nr. 12

[LAKS16] Lakshminarayanan, B.; Pritzel, A.; Blundell, C. Simple and Scalable Predictive Uncertainty Estimation using Deep Ensembles, 2016

[LAU87] 4,714,339. Lau, Kam C.; Hocken, Robert J.: Three and five axis laser tracking systems

[LEI19] Lei, M.; Yang, J.; Wang, S.; Zhao, L.; Xia, P.; Jiang, G.; Mei, X.: Semi-supervised modeling and compensation for the thermal error of precision feed axes. In: International Journal of Advanced Manufacturing Technology, 104. Jg., 2019, Nr. 9

[LI18] Li, Y.; Wei, W.; Su, D.; Zhao, W.; Zhang, J.; Wu, W.: Thermal error modeling of spindle based on the principal component analysis considering temperature-changing process. In: International Journal of Advanced Manufacturing Technology, 99. Jg., 2018, Nr. 5

[LI19] Li, Q.; Li, H.: A general method for thermal error measurement and modeling in CNC machine tools' spindle. In: International Journal of Advanced Manufacturing Technology, 103. Jg., 2019, Nr. 5

[LI20a] Li, Z.; Zhao, C.; Lu, Z.: Thermal error modeling method for ball screw feed system of CNC machine tools in x-axis. In: The International Journal of Advanced Manufacturing Technology, 106. Jg., 2020a

[LI20b] Li, P.; Lou, P.; Yan, J.; Liu, N.: The Thermal Error Modeling with Deep Transfer Learning. In: Journal of Physics: Conference Series, 1576. Jg., 2020b, Nr. 1

[LI22] Li, Z.; Zhu, B.; Dai, Y.; Zhu, W.; Wang, Q.; Wang, B.: Thermal error modeling of motorized spindle based on Elman neural network optimized by sparrow search algorithm. In: The International Journal of Advanced Manufacturing Technology, 121. Jg., 2022, Nr. 1

[LIU21a] Liu, P.-L.; Du, Z.-C.; Li, H.-M.; Deng, M.; Feng, X.-B.; Yang, J.-G.: Thermal error modeling based on BiLSTM deep learning for CNC machine tool. In: Advances in Manufacturing, 9. Jg., 2021a

[LIU21b] Liu, Y.-C.; Li, K.-Y.; Tsai, Y.-C.: Spindle Thermal Error Prediction Based on LSTM Deep Learning for a CNC Machine Tool. In: Applied Sciences, 11. Jg., 2021b, Nr. 12

[LIU23] Liu, K.; Zhao, D.; Ban, Z.; Wang, S.; Song, L.; Han, L.; Li, J.; Wang, Y.: Active Control Method of Thermal Tilt Deformation of Spindle Based on Thermoelectric Cooling Principle, 2023

[LOYO19] Loyola-Gonzalez, O.: Black-Box vs. White-Box: Understanding Their Advantages and Weaknesses From a Practical Point of View. In: IEEE Access, 7. Jg., 2019

[LU15] Lu, J.; Behbood, V.; Hao, P.; Zuo, H.; Xue, S.; Zhang, G.: Transfer learning using computational intelligence: A survey. In: Knowledge-Based Systems, 80. Jg., 2015

[MA17] Ma, C.; Zhao, L.; Mei, X.; Shi, H.; Yang, J.: Thermal error compensation of high-speed spindle system based on a modified BP neural network. In: International Journal of Advanced Manufacturing Technology, 89. Jg., 2017, Nr. 9

[MA23] Ma, C.; Gui, H.; Liu, J.: Self learning-empowered thermal error control method of precision machine tools based on digital twin. In: Journal of Intelligent Manufacturing, 34. Jg., 2023, Nr. 2

[MARE13] Mares, M.; Horejs, O.; Hornych, J.; Smolik, J.: Robustness and Portability of Machine Tool Thermal Error Compensation Model based on control of participating Thermal Sources. In: Journal of Machine Engineering, 13. Jg., 2013, Nr. 1

[MART20] Martin Mares; Otakar Horejs; Lukas Havlik: Thermal error compensation of a 5-axis machine tool using indigenous temperature sensors and CNC integrated Python code validated with a machined test piece. In: Precision Engineering, 66. Jg., 2020

[MAYR09] Mayr, J.: Beurteilung und Kompensation des Temperaturganges von Werkzeugmaschinen. Dissertation. Zürich, 2009

[MAYR12] Mayr, J.; Jedrzejewski, J.; Uhlmann, E.; Alkan Donmez, M.; Knapp, W.; Härtig, F.; Wendt, K.; Moriwaki, T.; Shore, P.; Schmitt, R.; Brecher, C.; Würz, T.; Wegener, K.: Thermal issues in machine tools. In: CIRP Annals - Manufacturing Technology, 61. Jg., 2012, Nr. 2

[MCCU43] McCulloch, W. S.; Pitts, W.: A logical calculus of the ideas immanent in nervous activity. In: Bulletin of Mathematical Biophysics, 5. Jg., 1943

[MIAO13] Miao, E.-M.; Gong, Y.-Y.; Niu, P.-C.; Ji, C.-Z.; Chen, H.-D.: Robustness of thermal error compensation modeling models of CNC machine tools. In: The International Journal of Advanced Manufacturing Technology, 69. Jg., 2013, Nr. 9

[MICH87] Michelson, A. A.; Morley, E. W.: On the Relative Motion of the Earth and the Luminiferous Ether. In: American Journal of Science, 34. Jg., 1887, Nr. 203

[MOHA17] Mohammadi, A.; Züst, S.; Mayr, J.; Blaser, P.; Sonne, M. R.; Hattel, J. H.; Wegener, K.: A methodology for online visualization of the energy flow in a machine tool. In: CIRP Journal of Manufacturing Science and Technology, 19. Jg., 2017

[MÜLL91] Müller, P. Heinz (Hrsg.): Lexikon der Stochastik. 5., bearb. u. wesentl. erw. Aufl. Berlin: Akademie-Verl., 1991

[MURA16] Muralikrishnan, B.; Phillips, S.; Sawyer, D.: Laser trackers for large-scale dimensional metrology: A review. In: Precision Engineering, 44. Jg., 2016

[NATH21] Nathan, M. J.: Black Boxes. How Science Turns Ignorance Into Knowledge. Oxford: Oxford University Press, 2021

[NAUM22] Naumann, C.; Spierling, S.; Wennemer, M.; Fey, M.; Brecher, C.; Thiem, X.; Riedel, M.; Kauschinger, B.; Ihlenfeldt, S.: Experimentelle Analyse Modellbasierter Korrekturverfahren für Thermo-Elastische Verformungen im Online-Einsatz an einer Demonstratormaschine. In: Brecher, C. (Hrsg.): Thermo-Energetische Gestaltung von Werkzeugmaschinen Modellierung und Simulation Tagungsband 5. Kolloquium zum SFB/TR96. Dresden: reprogress GmbH, 2022

[NAUM25] Naumann, A.; Riedel, I.; Herzog, R.: Datenassimilation und optimale Sensorplatzierung. In: Brecher, C. (Hrsg.): Thermo-Energetische Gestaltung von Werkzeugmaschinen Praxishandbuch. Dresden: Springer Verlag, 2025

[NEST92] Nestmann, S.: Thermisches Verhalten von Werkzeugmaschinen - Erfassung und Kompensation. In: Fertigungstechnik und Betrieb, 42. Jg., 1992, Nr. 5

[REIS19] Reisch, RE. (2019). Virtuelle Fertigung in der Cloud. In: Dangelmaier, W., Gausemeier, J. (eds) Intelligente Arbeitsvorbereitung auf Basis virtueller Werkzeugmaschinen. Intelligente Technische Systeme – Lösungen aus dem Spitzencluster it's OWL. Springer Vieweg, Berlin, Heidelberg. https://doi.org/10.1007/978-3-662-58020-2_6

[RENI21] Renishaw GmbH. Messsysteme für CNC-Werkzeugmaschinen. Renishaw GmbH. Pliezhausen, 2021

[RUIJ12] Ruijun, L.; Wenhua, Y.; Zhang, H. H.; Qifan, Y.: The thermal error optimization models for CNC machine tools. In: The International Journal of Advanced Manufacturing Technology, 63. Jg., 2012, Nr. 9

[SAUE23] Sauerzapf, S.; Beitelschmidt, M.: Simulation of Thermoelastic Behavior of Technical Systems with Relatively Moving Parts - Modeling Process, Part Coupling Approaches and Application to Machine Tools. In: Ihlenfeldt, S. (Hrsg.): 3rd International Conference on Thermal Issues in Machine Tools (ICTIMT2023). (Reihe: Lecture Notes in Production Engineering). Cham: Springer International Publishing, 2023

[SCHA18] Schaeffler Technologies AG & Co. KG. Wälzlager. Technische Grundlagen und Produktdaten zur Gestaltung von Wälzlagerungen, 2018

[SCHW08] Schwenke, H.; Knapp, W.; Haitjema, H.; Weckenmann, A.; Schmitt, R.; Delbressine, F.: Geometric error measurement and compensation of machines—An update. In: CIRP Annals - Manufacturing Technology, 57. Jg., 2008, Nr. 2

[SIEM10] Siemens AG. Function description VCS "Volumetric Compensation System". Sinumerik 840D. Siemens AG. München, 2010

[SIEM11] Siemens AG. SINUMERIK 840D sl/828D Erweiterungsfunktionen. Funktionshandbuch. Siemens AG. München, 2011

[SIEM13] Siemens AG Siemens AG: SINUMERIK Listenhandbuch. SINUMERIK 840D sl, SINAMICS S120 Maschinendaten und Parameter, 2013

[SIEM23] Siemens AG. Datenblatt für SIMOTICS M-1PH8. Siemens AG. München, 2023

[SIEM24] Siemens AG: SINUMERIK 840D sl: Routing von X120 nach X130 fuer PG/PC, Firewallkonfiguration.

URL: https://support.industry.siemens.com/cs/document/59715134/sinumerik-840d-sl-routing-von-x120-nach-x130-fuer-pg-pc-firewallkonfiguration?dti=0&lc=de-DE [Stand: 28.06.2024]

[SLOC92] Slocum, A. H.: Design of three-groove kinematic couplings. In: Precision Engineering, 14. Jg., 1992, Nr. 2

[SPIE23] Spierling, R.; Plum, F.; Fey, M.; Brecher, C. Machine learning model for thermo-elastic machine tool errors, 2023

[SPIE24] Spierling, R.: Abbildung thermo-elastischer Fehler von Fräsmaschinen auf Basis des photoelektrischen Effekts und eines lernenden Modells. Dissertation, 2024

[STRI02] Stribeck, R.: Die wesentlichen Eigenschaften der Gleit- und Rollenlager. In: Zeitschrift des Vereins Detuscher Ingenieure, 1902, Nr. 36

[SUTS14] Sutskever, I.; Vinyals, O.; Le V, Q. Sequence to Sequence Learning with Neural Networks. Cornell, 2014

[SUZU11] Suzuki, K.: Artificial Neural Networks - Methodological Advances and Biomedical Applications. London: IntechOpen, 2011

[TIAN20] Tian, Y.; Pan, G.: An Unsupervised Regularization and Dropout based Deep Neural Network and Its Application for Thermal Error Prediction. In: Applied Sciences, 10. Jg., 2020, Nr. 8

[TRAP06] Trapet, E.; Aguilar Martin, J.-J.; Yague, J.-A.; Spaan, H.; Zeleny, V.: Self-centering probes with parallel kinematics to verify machine-tools. In: Precision Engineering, 30. Jg., 2006, Nr. 2

[TRAP91] Trapet, E.; Wäldele, F.: A reference object based method to determine the parametric error components of coordinate measuring machines and machine tools. In: Measurement, 9. Jg., 1991, Nr. 1

[TURE10] Turek, P.; Jedrzejwski, J.; Modrzycki, W.: Methods of machine tool error compensation. In: Journal of Machine Engineering, 10. Jg., 2010, Nr. 4

[UNIT23] Unitherm Messtechnik GmbH: Thermodirekt Temperatursensoren.

URL: https://www.thermodirekt.de/ [Stand: 28.04.2023]

[VASK74] Vaske, P.; Riggert, H.: Elektrische Maschinen und Umformer. Teil 2 Berechnung elektrischer Maschinen. (Reihe: Leitfaden der Elektrotechnik / Moeller-Werr, 2,2). 8., überarb. Aufl. Stuttgart: Teubner, 1974

[WANG13] Wang, W.; Zhang, Y.; Fan, K.; Yang, J.: A Fourier Series-Neural Network Based Real-Time Compensation Approach for Geometric and Thermal

Errors of CNC Milling Machines. In: Advances in Mechanical Engineering, 5. Jg., 2013

[WANG18] Wang, Y.-Q.; Wu, J.-K.; Liu, H.-B.; Kang, K.; Liu, K.: Geometric accuracy long-term continuous monitoring using strain gauges for CNC machine tools. In: The International Journal of Advanced Manufacturing Technology, 98. Jg., 2018

[WANG20] Wang, H.; Li, F.; Cai, Y.; Liu, Y.; Yang, Y.: Experimental and theoretical analysis of ball screw under thermal effect. In: Tribology International, 152. Jg., 2020

[WEIK04] Weikert, S.: R-Test, a New Device for Accuracy Measurements on Five Axis Machine Tools. In: CIRP Annals, 53. Jg., 2004, Nr. 1

[WELL19] Wellmann, F.: Datengetriebene, kontextadaptive Produktivitätssteigerung von NC-Zerspanprozessen. Dissertation, 2019

[WENN18] Wennemer, M.: Methode zur messtechnischen Analyse und Charakterisierung volumetrischer thermo-elastischer Verlagerungen von Werkzeugmaschienen. Dissertation. Aachen, 2018

[WISS14] Wissmann, A.: Steuerungsinterne Korrektur thermisch bedingter Strukturverformungen von Bearbeitungszentren. Dissertation. Aachen, 2014

[WITT19] Witt, M., Schumann, M.; Klimant, P.: Real-time machine simulation using cutting force calculation based on a voxel material removal model. *Int J Adv Manuf Technol* **105**, 2321–2328 (2019). https://doi.org/10.1007/s00170-019-04418-2

[XI21] Xi, T.; Benincá, I. M.; Kehne, S.; Fey, M.; Brecher, C.: Tool wear monitoring in roughing and finishing processes based on machine internal data. In: International Journal of Advanced Manufacturing Technology, 113. Jg., 2021, Nr. 11

[XIAN18] Xiang, S.; Yao, X.; Du, Z.; Yang, J.: Dynamic linearization modeling approach for spindle thermal errors of machine tools. In: Mechatronics, 53. Jg., 2018

[XU15] Xu, Z.-Z.; Choi, C.; Liang, L.; Li, D.; Lyu, S.-K.: Study on a novel thermal error compensation system for high-precision ball screw feed drive (1st report: Model, calculation and simulation). In: International Journal of Precision Engineering and Manufacturing, 16. Jg., 2015, Nr. 9

[YANG05] Yang, H.; Ni, J.: Dynamic neural network modeling for nonlinear, nonstationary machine tool thermally induced error. In: International Journal of Machine Tools and Manufacture, 45. Jg., 2005, 4-5

[YANG14a] Yang, J.; Shi, H.; Feng, B.; Zhao, L.; Ma, C.; Mei, X.: Applying Neural Network based on Fuzzy Cluster Pre-processing to Thermal Error Modeling for Coordinate Boring Machine. In: CIRP (Hrsg.): Procedia CIRP, 2014a

[YANG14b] Yang, J.; Zhang, D.; Feng, B.; Mei, X.; Hu, Z.: Thermal-Induced Errors Prediction and Compensation for a Coordinate Boring Machine Based on Time Series Analysis. In: Mathematical Problems in Engineering, 2014b

[YANG15] Yang, J.; Shi, H.; Feng, B.; Zhao, L.; Ma, C.; Mei, X.: Thermal error modeling and compensation for a high-speed motorized spindle. In: The International Journal of Advanced Manufacturing Technology, 77. Jg., 2015, Nr. 5

[YAO20] Yao, X.; Hu, T.; Yin, G.; Cheng, C.: Thermal error modeling and prediction analysis based on OM algorithm for machine tool's spindle. In: The International Journal of Advanced Manufacturing Technology, 106. Jg., 2020, Nr. 7

[YIN19] Yin, Q.; Tan, F.; Chen, H.; Yin, G.: Spindle thermal error modeling based on selective ensemble BP neural networks. In: International Journal of Advanced Manufacturing Technology, 101. Jg., 2019, Nr. 5

[YING15] Yinghao, L.; Yan, L.; Feng, G.; Qiang, F.; Zhuo, W.; Zhou, C.: Study on optimization of temperature measuring points for machine tools based on Grey Correlation and Kohonen network. In: IEEE (Hrsg.): International Conference on Electronic Measurement & Instruments (ICEMI), 2015

[ZENG13] Zeng, H.; Sun, Y.; Zeng, X.: A New Approach of Error Compensation on NC Machining based on Memetic Computation. In: Telkomnika, 11. Jg., 2013, Nr. 4

[ZHAN12] Zhang, Y.; Yang, J.; Jiang, H.: Machine tool thermal error modeling and prodiction by grey neural network. In: International Journal of Advanced Manufacturing Technology, 59. Jg., 2012, Nr. 9

[ZHAN19] Zhang, X.; Yang, L.; Lou, P.; Jiang, X.; Li, Z.: Thermal Error Modeling for Heavy Duty CNC Machine Tool Based on Convolution Neural Network. In: Xu, B. (Hrsg.): Proceedings of 2019 IEEE 3rd Information Technology, Networking, Electronic and Automation Control Conference. March 15-17, 2019, Chengdu, China. Piscataway, NJ: IEEE, 2019

[ZHAN20] Zhang, X.; Wang, C.; Lou, P.; Yan, J.; Liu, N.: Machine Tools Thermal Error Modeling with Imbalanced Data Based on Transfer Learning. In: IEEE (Hrsg.): 5th International Conference on Cloud Computing and Big Data Analytics, 2020

[ZHOU19] Zhou, Z.; hu, J.; Liu, Q.; Lou, P.; Yan, J.; Hu, J.; Gui, L.: The selection of key temperature measurement points for thermal error modeling of heavy-duty computer numerical control machine tools with density peaks clustering. In: Advances in Mechanical Engineering, 11. Jg., 2019, Nr. 4

[ZHOU23] Zhou, D.; Zeng, F.; Jia, S. The Thermal Error Modeling Approach of Feeding Axes for Horizontal CNC Lathes Based on Transfer Learning. Research Square, 2023

[ZHU15] Zhu, X.; Xiang, S.; Yang, J.: Novel thermal error modeling method for machining centers. In: Journal of Mechanical Engineering Science, 229. Jg., 2015, Nr. 8

[ZHUA21] Zhuang, F.; Qi, Z.; Duan, K.; Xi, D.; Zhu, Y.; Zhu, H.; Xiong, H.; He, Q.: A Comprehensive Survey on Transfer Learning. In: Proceedings of the IEEE, 109. Jg., 2021, Nr. 1

[ZIMM20] Zimmermann, N.; Lang, S.; Blaser, P.; Mayr, J.: Adaptive input selection for thermal error compensation models. In: CIRP Annals, 69. Jg., 2020, Nr. 1

[ZIMM23] Zimmermann, N.; Müller, E.; Lang, S.; Mayr, J.; Wegener, K.: Thermally compensated 5-axis machine tools evaluated with impeller machining tests. In: CIRP Journal of Manufacturing Science and Technology, 46. Jg., 2023

In der Reihe **Ergebnisse aus der Produktionstechnik** zuletzt erschienen:

Frey, Christoph:
Gestaltung eines Ökosystems für Netzwerkinnovationen im Werkzeugbau
ISBN: 978-3-98555-329-7
Erscheinungsdatum: 23.02.2026

Buchholz, Philip:
Entwicklung und Evaluierung eines neuartigen Recyclingverfahrens für thermoplastische Tapes
ISBN: 978-3-98555-327-3
Erscheinungsdatum: 03.02.2026

Kiesewetter-Marko, Caroline:
Verwendung von Zementbeton für dynamisch belastete Strukturbauteile von Werkzeugmaschinen
ISBN: 978-3-98555-322-8
Erscheinungsdatum: 27.01.2026

Dehn, Mathias:
Korrektur des thermo-elastischen Maschinenfehlers von Fräsmaschinen mithilfe von künstlichen neuronalen Netzen und maschineninternen Daten
ISBN: 978-3-98555-326-6
Erscheinungsdatum: 23.02.2026

Wiesch, Marian:
Lernende Prozesskraftmodellierung zur Planung und Überwachung in der Einzelteilfertigung für Fräsanwendungen
ISBN: 978-3-98555-324-2
Erscheinungsdatum: 13.01.2026

Westphal, Christian:
Verzahnungsauslegung für Stufenplanetengetriebe
ISBN: 978-3-98555-330-3
Erscheinungsdatum: 11.02.2026

Schäfer, Jan Marvin:
Digitale Auftragsnachverfolgung auf dem Shopfloor additiver Produktionssysteme
ISBN: 978-3-98555-332-7
Erscheinungsdatum: 03.02.2026

Bergs, Christian:
Untersuchung von Werkzeugschnittstellen für Fräsmaschinen unter Betriebsbedingungen
ISBN: 978-3-98555-320-4
Erscheinungsdatum: 13.01.2026

Niwar, Lea:
Methodik zur Arbeitsvorbereitung mittels Maschinensteuerungs- und Sensordaten für extrusionsbasierte additive Verfahren
ISBN: 978-3-98555-315-0
Erscheinungsdatum: 13.01.2026

Maetschke, Jan:
Wirtschaftliche Leistungssteigerung von Produktionslinien
ISBN: 978-3-98555-316-7
Erscheinungsdatum: 09.12.2025

Edition Wissenschaft
Apprimus

Blanke, Philipp:

Temporäre Automatisierung von Werkzeugmaschinen

ISBN: 978-3-98555-314-3
Erscheinungsdatum: 24.11.2025

Slawik, Viktor:

Datenbasierte Analyse vernetzter natürlich sprachlicher Anforderungen in der Produktentwicklung

ISBN: 978-3-98555-313-6
Erscheinungsdatum: 24.11.2025

Beckschulte, Sebastian:

Gestaltungsmodell zur Systematisierung der Fehlerdatenerfassung im manuellen Montageprozess

ISBN: 978-3-98555-311-2
Erscheinungsdatum: 17.11.2025

de Oliveira Löhrer, Patrícia:

Influence of Material Removal Mechanisms on Thermo-Mechanical Loads in Continuous Generating Gear Grinding

ISBN: 978-3-98555-309-9
Erscheinungsdatum: 17.11.2025

Zalfen, Moritz:

Einfluss der Dehnrate auf die Zahnfußtragfähigkeit schnelllaufender Zahnradgetriebe

ISBN: 978-3-98555-308-2
Erscheinungsdatum: 03.11.2025

Lossie, Karl:

Decision Model for Performance-Driven Prioritization of Operational Decisions on the Manufacturing Shop Floor

ISBN: 978-3-98555-305-1
Erscheinungsdatum: 29.09.2025

Schäfer, Niklas:

Regelbasierte Planungsautomatisierung für die Digitale Fabrik

ISBN: 978-3-98555-304-4
Erscheinungsdatum: 29.09.2025

Klee, Lukas:

Auslegung des Druckprozesses beim Binder Jetting zur Herstellung von Verzahnungen mit hoher Zahnfußtragfähigkeit

ISBN: 978-3-98555-299-3
Erscheinungsdatum: 02.09.2025

Trisjono, Julian Andreas:

Methodik zur Einführung datengetriebener Geschäftsmodelle im Werkzeugbau

ISBN: 978-3-98555-298-6
Erscheinungsdatum: 02.09.2025

Lee, Tae Hun:

Messung und Modellierung der thermo-elastischen Abweichungen von fünfachsigen Werkzeugmaschinen

ISBN: 978-3-98555-294-8
Erscheinungsdatum: 12.08.2025

Schollemann, Alexander:

Strategische Ausrichtung nachhaltiger Produktionsnetzwerke

ISBN: 978-3-98555-293-1
Erscheinungsdatum: 15.07.2025

Welschof, Lukas:

Ermüdungsfestigkeit drahtfunken-erodierter Nickelbasiswerkstoffe für Triebwerksanwendungen

ISBN: 978-3-98555-287-0
Erscheinungsdatum: 10.06.2025

Edition Wissenschaft
Apprimus

FSC
www.fsc.org
MIX
Papier | Fördert gute Waldnutzung
FSC® C083411

Kolibri 360 GmbH
Ferdinand-Jühlke-Straße 7
99095 Erfurt, Deutschland
produktsicherheit@kolibri360.de